紫甘蓝

盆栽羽衣甘蓝

甘蓝露地栽培

大棚春甘蓝结合小
拱棚覆盖栽培

大棚秋甘蓝栽培

日光温室早春茬甘蓝定植

日光温室冬春茬甘蓝栽培

滴灌技术应用于露地甘蓝栽培

甘蓝进入结球期

甘蓝结球期

甘蓝未熟抽薹状

甘蓝结小球状

甘蓝裂球状

甘蓝黑斑病危害状

甘蓝软腐病危害状

甘蓝黑腐病危害状

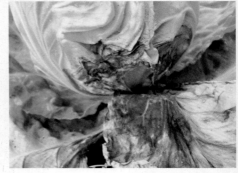

北方蔬菜栽培新模式丛书

甘 蓝
高效栽培新模式

王 爽 编著

金盾出版社

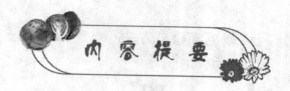

　　本书是"北方蔬菜栽培新模式丛书"的一个分册。内容包括:我国北方地区气候特点与甘蓝茬口安排,甘蓝品种类型与栽培习性,优质甘蓝产品标准,露地甘蓝高效栽培模式,设施甘蓝高效栽培模式,甘蓝病虫害防治技术等。本书内容全面系统,技术科学实用,文字通俗易懂,可供广大菜农、基层农业技术推广人员及农业院校相关专业师生阅读参考。

图书在版编目(CIP)数据

　　甘蓝高效栽培新模式/王爽编著 .—北京:金盾出版社,2014.5

　　(北方蔬菜栽培新模式丛书)
　　ISBN 978-7-5082-9234-2

　　Ⅰ.甘… Ⅱ.①王… Ⅲ.①甘蓝类蔬菜—蔬菜园艺 Ⅳ.①S635

　　中国版本图书馆 CIP 数据核字(2014)第 037280 号

金盾出版社出版、总发行

北京太平路 5 号(地铁万寿路站往南)
邮政编码:100036　电话:68214039　83219215
传真:68276683　网址:www.jdcbs.cn
封面印刷:北京印刷一厂
彩页正文印刷:北京四环科技印刷厂
装订:北京四环科技印刷厂
各地新华书店经销
开本:850×1168 1/32　印张:4.125　彩页:4　字数:74 千字
2014 年 5 月第 1 版第 1 次印刷
印数:1～6 000 册　定价:9.00 元

目 录

目　　录

第一章 概 述

第一节 甘蓝生产现状

甘蓝是结球甘蓝的简称,别名包菜、卷心菜、大头菜、莲花白、洋白菜等,为十字花科芸薹属,2年生草本植物。甘蓝的营养价值非常高,常吃甘蓝可以促进骨骼发育,提高免疫力,是目前医学界非常推崇的抗癌防癌蔬菜之一。

甘蓝起源于地中海沿岸,野生甘蓝在自然生长状态下一般不结球,但偶尔会有一些为保护生长点免受冻害,叶片向生长点扣合形成叶球形态的变异品种,育种工作者经过长期选育及驯化培养出了结球甘蓝。我国最早记述甘蓝的文献是《植物名图考》(1827),称甘蓝为"回子白菜"。18世纪40年代甘蓝在我国西北地区开始种植,逐渐发展到华北地区,目前全国各地普遍栽培,已成为栽培面积最大的蔬菜之一。

我国最初栽培的甘蓝品种均由国外引进,经过在不同地区、不同季节长期栽培和选育,已培育出适合不同生长季节和不同栽培形式的甘蓝类型和品种。甘蓝适应性强,具有很强的抗寒能力和耐热性,在我国各地均可栽培,是东北、西北、华北等冷凉地区春、夏、秋季的主要蔬菜。山东、河南、河北、山西等甘蓝主栽区,以中早熟春甘蓝栽培为主;华北平原中部、东北地区,乃至西北的陕西、青海等地主要种植中晚熟甘蓝品种。随着地膜覆盖设施栽培技术的推广应用,实现了甘蓝周年生产周年供应。北方地区日光温室、大棚等设施栽培甘蓝主要满足深秋、冬季和早春蔬菜市场供应;高寒地区越夏甘蓝栽培,满足夏季、秋季市场的供应;北方少数地区越冬甘蓝栽培,满足早春市场供应。除满足国内蔬菜的需求外,甘蓝还大量销往东南亚和俄罗斯等国家,是我国出口创汇蔬菜的主要品种。

随着人们生活水平的提高和膳食结构的巨大变革,对于甘蓝的球形、球色等也提出了更高的要求,由原来的数量满足向质量、风味、食用兼观赏等多元化转变。现在一些特种甘蓝的栽培面积也在不断扩大,紫甘蓝已成为普通老百姓餐桌上的菜肴,盆栽羽衣甘蓝已成为花卉市场的新宠,抱子甘蓝也已被推广种植,从未种过蔬菜的城市人也开始热衷于种植甘蓝芽菜。因此,要求甘蓝栽培模式和栽培技术不断发展和提高,满足市场激烈竞争的需求。

1931年前苏联研制成功了世界上第一台甘蓝收获机,将采收甘蓝推入了机械化时代。随后美国、日本等国陆续研制出了甘蓝一次性采收机械。我国甘蓝采收目前还停留在手工阶段,与发达国家相比,机械化水平非常落后。作为甘蓝生产和出口大国,结合我国国情研发采收甘蓝的机械产品是必由之路,以提高甘蓝自动化采收进程。

甘蓝叶球是大众喜食的蔬菜,其外叶又是很好的饲料。甘蓝叶球不仅可以鲜食、榨汁,而且还是加工脱水蔬菜的主要原料。应季栽培甘蓝具有产量高、价格低的特点,并且在适应甘蓝生长发育的季节进行栽培,病虫害发病较轻,相对于反季节蔬菜食用安全性高且品质好,利用应季甘蓝加工脱水蔬菜是一项开发前景广阔的产业。

第二节 我国北方气候特点及甘蓝茬口安排

一、我国北方气候特点

我国北方地区主要指长江以北的地区,主要包括东北三省、西北、华北等地区。

华北平原和东北平原主要是温带季风气候分布,气候特点是夏季高温多雨,冬季寒冷干燥,随着纬度的增高,冬、夏季气温变幅相应增大,而降水逐渐减少。根据本区域的气候特点,主要进行甘蓝春提早栽培,可以利用地膜覆盖、小拱棚、大棚等设施春季提早定植,以保证甘蓝产品早于露地栽培茬口上市,满足早春淡季蔬菜供应,有较高的经济效益。本区域也可进行秋季甘蓝生产,或利用设施周年生产,由于夏季高温多雨,不适合进行甘蓝越夏生产。

西北地区主要以温带大陆性气候为主,局部地区是高原气候。温带大陆性气候由于终年受大陆气团控制,冬季寒冷,夏季温热,气温的日较差和年较差较大,降水量主要集中在夏季。本区域主要进行秋季甘蓝生产,种植中晚熟品种。

北方高山气候主要分布在黄土高原和青藏高原地区,气候的基本特征是气温低,日较差大,降水较少。气温随着海拔高度的升高而逐渐下降,一般每升高 1 000 米,气温下降约 1℃。利用高山气候的特点,可以在夏季进行甘蓝反季节栽培或一年一大茬栽培,本区域栽培甘蓝病虫害较少,栽培管理措施得当可以不施用农药,产品品质好,无公害。

二、甘蓝茬口安排

1. 露地春甘蓝 可选用冬性强、耐寒性强、结球早的品种。东北、华北北部和西北等地区,2 月份播种育苗,3 月下旬至 5 月初定植,6~7 月份采收。华北及山东济南等双主作地区 1 月份至 2 月初播种育苗,3 月份定植,5~6 月份采收。此栽培茬口是北方甘蓝的主要栽培模式,在北方地区,甘蓝露地定植时结合地膜覆盖或加扣小拱棚的栽培模式,可提早上市。

2. 夏甘蓝 一般选用高温条件下能结球的早熟或中熟品种,3 月下旬至 5 月份播种育苗,5~6 月份定植,苗龄 30~40 天,7~9 月份上市,主要解决秋季蔬菜供应不足的问题。此栽培茬口要求栽培技术较高,而且正处于病虫害发生比较严重的季节,要采取多种防治措施,保证产品的食用安全性。利用北方高寒地区夏季气温较低、昼夜温差较大,气候条件适宜甘蓝生长,而且病虫害发生程度较轻,夏甘蓝生产已成为当地农民的主导产业。

3. 秋甘蓝 东北、华北北部及西北无霜期短的单主作地区,可选择大型晚熟品种,于6月下旬至7月上旬播种育苗,8月上中旬定植,9月下旬至10月上旬收获。华北双主作地区可选择栽培早中熟品种,6月下旬露地播种育苗,7月下旬至8月上旬定植,10~11月份收获。此栽培茬口育苗时处于高温多雨季节,应覆盖遮阳网,防烈日和暴雨,并注意防治病虫害。育苗移栽露地定植,植株结球期正处于秋季,温度等条件符合甘蓝形成叶球的要求,所以此栽培模式产量较高,品质较好,适合远距离运输或加工贮藏。

4. 越冬甘蓝 一般选用中晚熟品种,7~8月份露地播种育苗,9~10月份定植于大田,12月份至翌年4月份上市。我国华北及西北部分地区可以种植露地越冬甘蓝,有些地区需要结合少量覆盖才能进行越冬栽培。栽培时要特别注重甘蓝品种的选择,尽量选择适宜北方地区栽培的越冬甘蓝品种,若大面积栽培最好进行试验,并采取有效措施避免出现产品器官品质不良现象,保证甘蓝高产稳产。

5. 一年一茬甘蓝栽培 东北、西北及内蒙古高寒地区,选用适合本地的品种,4~5月份利用温室播种育苗,5~6月份露地定植,9~10月份采收。因高寒地区气温较低,夏季昼夜温差较大,利于甘蓝产品器官形成,而且由于环境条件不适宜病虫害发生,产品品质优良,利于贮藏和加工出口。

甘蓝还可以进行大棚、日光温室等设施栽培,解决我国蔬菜淡季供应,经济效益显著。我国北方地区甘蓝设施栽培茬口安排如表1-1所示。

表1-1　我国北方甘蓝设施栽培茬口安排　（月/旬）

栽培茬口	播种期	定植期	采收期
大棚春甘蓝	12/下至翌年1/上	2～3月份	4/下至5月份
大棚秋甘蓝	7～8月份	8～9月份	10～11月份
日光温室早春茬	1/上中	12/下至翌年1月份	3/下至4/上中
日光温室冬春茬	10/上中至11月份	11/下至翌年1月份	2～3月份

第三节　甘蓝品种类型与栽培习性

一、甘蓝品种类型

甘蓝在多年的自然选择和育种工作者的人工培育选择过程中,形成了丰富的品种类型。根据叶球形状不同,可分为尖头类型、圆头类型和平头类型;根据栽培季节及熟性,分为春甘蓝、夏甘蓝、秋甘蓝及越冬甘蓝;根据植物学特征,分为普通甘蓝、紫甘蓝、皱叶甘蓝;根据甘蓝生长期长短分为早熟品种、中熟品种和晚熟品种。目前,甘蓝分类主要根据叶球形状和生长期长短进行分类。

第一章　概　述

1. 根据叶球形状　我国主要栽培普通甘蓝,根据叶球形状的不同,分为以下 3 个基本生态类型(图 1-1)。

(1)尖头类型　叶球较小且尖,类似心脏形。此类型品种多生长期短,植株矮小,冬性较强,低温季节栽培不易发生未熟抽薹现象,抗寒性较强。在我国北方地区主要作为春季早熟甘蓝栽培,长江流域多作为越冬甘蓝栽培。单球重 0.5~1.5 千克,早熟品种居多。代表品种有牛心甘蓝、春丰甘蓝、鸡心甘蓝等。

图 1-1　甘蓝叶球基本生态类型
1. 圆头类型　2. 平头类型　3. 尖头类型

(2)圆头类型　叶球圆球形,结球坚实,整齐度高,品质较好。此类型品种冬性较弱,春季栽培易出现未熟抽薹现象,植株抗病性不强。在我国北方地区主要作为春季早熟甘蓝栽培或早熟秋甘蓝栽培,多为早熟或中熟品种。代表品种有中甘 11 号、中甘 15 号、金早生等。

(3)平头类型　叶球为扁圆球形,结球紧实。此类型品种生长期较长,植株生长势强,多为晚熟或中熟品种。

品种冬性介于尖头类型和圆头类型之间,也有部分冬性和抗病性强的品种。我国各地栽培的中晚熟甘蓝和夏秋甘蓝品种多属于此类型。南方地区多作为夏秋甘蓝栽培,北方地区作为中晚熟春甘蓝或晚熟秋甘蓝栽培。代表品种有黑叶小平头、秋甘1号、京丰1号、晚丰等。

2. 根据生长期长短

(1)早熟品种 定植至收获45~55天,代表品种有中甘11号、中甘15号、春甘2号等。早熟品种适宜春提早栽培、越夏栽培,由于栽培时间短,植株多生长势不强,适宜密植。

(2)中熟品种 定植至收获65~80天,代表品种有秋甘3号、庆丰等。中熟品种适宜秋季栽培,也可进行春提早、越夏和越冬栽培,此类品种多抗病性较强,品质较好。

(3)晚熟品种 定植至收获80~90天,代表品种有秋甘1号、京丰1号、晚丰等。晚熟品种适宜进行秋季栽培、一年一茬栽培,此类品种产量高,品质优,适宜贮藏、加工和远距离运输。

二、甘蓝生长发育期及栽培注意事项

甘蓝为1~2年生蔬菜,在正常情况下,栽培第一年为营养生长期,主要形成植株的根、茎、叶等营养器官。当外界温度不适宜发育时,植株的大部分养分贮藏在叶球内,可露地越冬或通过人工创造的适宜条件度过冬季。

经过1个冬季,在满足低温条件下,植株通过春化阶段,翌年温光条件适宜时抽薹、开花、结实,完成植株的生殖生长阶段。甘蓝的整个生长周期可划分为以下几个时期。

1. 营养生长期

(1)发芽期　从播种至第一对基生叶片展开形成"十"字。甘蓝种子发芽的适宜温度为20℃～25℃。在生产中要选择饱满无病虫害的种子,一般在播种前进行种子处理或床土消毒,若夏季播种还需要搭设荫棚,低温季节育苗可在苗床底部铺设电热温床。根据栽培季节的不同,采取相应的栽培措施,为培育壮苗创造适宜的条件。

(2)幼苗期　从基生叶展开至第一叶环形成,5～8片真叶为幼苗期,俗称"团棵期"。此期生长适宜温度为17℃～20℃,一般秋冬季栽培需50～60天,夏秋季栽培需30天左右。管理栽培重点是促进幼苗根系发育,为高产稳产打基础。生产中应根据栽培季节,采取相应措施保证幼苗生长的适宜温度、水分等环境条件,并注意防止幼苗徒长。

(3)莲座期　从第一叶环形成至第二、第三叶环形成,16～24片真叶为莲座期。早熟品种需25～35天,中晚熟品种需30～40天。此期是叶片和根系生长较快的时期,也是植株需肥水较多的时期。栽培上应加强肥水管理,促进同化器官发育,为稳产高产奠定基础。同时注意中耕松土,保证植株根系的透气性,促进根系生长。莲座后期要控制浇水,不进行追肥,保证植株由莲座期平稳过渡到结球期。

(4)结球期　从开始结球至叶球收获结束为结球期。一般早熟品种需 20～25 天,晚熟品种需 30～50 天。结球现象是甘蓝在进化过程中,经过人工选择和植株适应不良环境条件的结果,并形成结球的遗传性。

叶球是甘蓝的营养贮藏器官,其养分积累来源于外叶,叶球的充实程度和重量与球叶数及球叶重息息相关。甘蓝叶球的形成有一定外叶数量的要求,一般要求早熟品种外叶 15～20 片,中熟品种外叶 20～30 片,晚熟品种外叶 30 片以上才开始结球。

结球期是植株需肥水量最大的时期,肥水的充足供应才能保证高产。在结球后期要控制浇水,防止裂球现象发生。采收前期要注意速效氮肥的施用间隔时间,防止产品器官亚硝酸盐含量超标。

(5)休眠期　当外界环境条件不适宜植株生长发育时,植株进入休眠状态。北方地区需要将叶球贮存在适宜的环境条件下度过此时期,并通过春化阶段。此期应注意控制温湿度,尽可能减少贮藏在叶球中的养分消耗。北方部分地区甘蓝植株可在露地越冬,但在气温不正常年份要注意保温防冻,可采取浇封冻水和适度覆盖等方式,以保证甘蓝安全越冬。

2. 生殖生长期

(1)抽薹期　从种株定植至花茎长出,需 25～40 天。植株经过春化作用,生长点分化花芽,然后抽薹、开花。甘蓝属于绿体春化型蔬菜,当植株的茎达到相应的粗度,经过 10℃以下的低温春化阶段,无论植株结球与否均可抽薹开花。

甘蓝通过春化阶段必须具备 3 个条件:一是幼苗要有一定大小的营养体。一般来说,当幼苗叶片达到 3 片(早熟品种)或 6 片(晚熟品种)以上,茎粗达 0.6 厘米以上时就可以感受低温的影响。但不同品种,通过春化阶段的要求各异,早熟品种冬性一般较弱,通过春化阶段的幼苗较小,在茎粗 0.7 厘米时,经过 30～40 天的低温可通过春化;而中晚熟品种冬性较强,通过春化所要求的幼苗较大,在幼苗茎粗 1.3 厘米以上,经过 70 天以上才能通过春化。二是要有合适的低温条件。甘蓝通过春化阶段的低温范围一般为 0℃～10℃,在 4℃～5℃条件下通过春化的时间较短。大多数品种在 15.6℃以上不能通过春化阶段。三是要经过一段较长的时间。因此,在以采收叶球为目的的生产中,应严格控制定植时幼苗的大小和定植时期,避免出现抽薹现象而导致大面积减产。从低纬度地区往高纬度地区引种时,应注意品种的冬性强弱,尤其是春甘蓝品种必须选择冬性强的品种,否则容易出现未熟抽薹现象。

(2)开花期　从始花至全株花落时为开花期,一般需

40～50 天。甘蓝为总状花序,通过春化阶段的甘蓝在长日照条件下进入开花期,从顶芽抽出的花序为主花序,从主花序上发生的花序再分枝 1～2 次,每一花序的花从下往上陆续开放。每一朵花的开放时间为 3～4 天,整株的花期为 21～28 天,不同品种的花期有较大差异。

(3)结荚期 从花落至角果成熟为结荚期,一般需⋯～40 天。甘蓝果实为长角果,种子圆球形、红褐色或黑褐色,千粒重 3.3～4.5 克。在自然条件下,我国北方干燥地区种子使用年限为 2～3 年。

三、甘蓝栽培对产地环境条件的要求

甘蓝高效栽培产地环境条件至少要达到国家无公害蔬菜产地环境的标准,包括农业用地、用水、大气、生物等。应选择在不受污染源影响或污染物含量限制在允许范围之内、生态环境良好的生产区域,周围不能有工矿企业,并远离公路、机场、车站等交通要道。大气、灌溉水、土壤等环境质量指标均应符合无公害蔬菜生产产地环境要求。生产过程必须符合国家有关规定。从定植到管理、从收获到初加工,全程严格按照标准进行,科学合理使用肥料、农药、灌溉用水等农业投入品。

1. 灌溉水质量 甘蓝高效栽培产地灌溉水质量标准应符合表 1-2 的要求。

表 1-2　灌溉水质量指标

项　　目		指　　标
氯化物(毫克/升)	≤	250
氰化物(毫克/升)	≤	0.5
氟化物(毫克/升)	≤	3.0
汞(毫克/升)	≤	0.001
砷(毫克/升)	≤	0.05
铅(毫克/升)	≤	0.1
镉(毫克/升)	≤	0.005
铬(六价)(毫克/升)	≤	0.1
石油类(毫克/升)	≤	1.0
pH 值		5.5~8.5

2. 环境空气质量　甘蓝高效栽培产地环境空气质量指标应符合表 1-3 的要求。

表 1-3　环境空气质量指标

项　　目 (标准状态)		指　　标	
		日平均	1 小时平均
总悬浮颗粒物(毫克/米³)	≤	0.30	
二氧化硫(毫克/米³)	≤	0.15	0.50
氮氧化物(毫克/米³)	≤	0.10	0.15
氟化物(毫克/分米³)	≤	5.0	
铅(微克/米³)	≤	1.5	

3. 土壤环境质量　甘蓝高效栽培土壤环境质量指标应符合表 1-4 的要求。

表1-4 土壤环境质量指标

项　目		指　标		
		pH值<6.5	pH值6.5~7.5	pH值>7.5
总汞(毫克/千克)	≤	0.3	0.5	1
总砷(毫克/千克)	≤	40	30	25
铅(毫克/千克)	≤	100	150	150
镉(毫克/千克)	≤	0.3	0.3	0.6
铬(六价)(毫克/千克)	≤	150	200	250
六六六(毫克/千克)	≤	0.5	0.5	0.5
滴滴涕(毫克/千克)	≤	0.5	0.5	0.5

第四节　甘蓝栽培对农药及化肥的要求

甘蓝高效栽培,产品器官至少要达到无公害食品的要求,在生产过程中要严格注意农药和化肥的合理使用。

一、农药使用要求

甘蓝生产中可使用的农药、杀虫剂主要有:Bt系列、阿维菌素系列、除虫菊酯类、植物提取物类、昆虫激素类(虫酰肼、氟虫脲、氟啶脲),少数有机磷农药(乐果、敌百虫、辛硫磷、毒死蜱、氯氰·毒死蜱)以及杀虫双、吡虫啉等。杀菌剂主要有:多菌灵、硫菌灵、春雷·王铜、霜脲·锰锌、代森锰锌、氟硅唑、氢氧化铜、波尔多液、硫酸链霉素等。除草剂有:氟乐灵、二甲戊灵、异丙甲草胺、乙草胺等。

第一章 概　述

甘蓝生产中严格禁止使用的农药有：六六六、滴滴涕、氯丹、毒杀芬、五氯酚钠、三氯杀螨醇、杀螟威、赛丹、甲基对硫磷、内吸磷、甲胺磷、乙酰甲胺磷、久效磷、磷胺、异丙磷、三硫磷、氧化乐果、蝇毒磷、甲基异柳磷、氧化乐果、增效甲胺磷、水胺硫磷、甲拌磷、地虫硫磷、克线丹、磷化锌、氟乙酰胺、克百威、涕灭威、磷化铝、二溴氯丙烷、二溴乙烷、砒霜、治螟磷、杀虫脒、丙线磷、氰化物、狄氏剂、401（抗菌剂）、汞制剂、除草醚等。

甘蓝栽培过程中应尽量少用化学农药，可采取农业防治、生物防治和物理防治的综合措施，降低病虫害的发生。

1. 农业防治　农业防治指运用各种栽培技术措施来改变有害生物生存的小环境，创造出有利于甘蓝和有益生物生长发育而不利于有害生物发生的条件，控制病虫害的发生与危害。农业防治从农业生态系统的总体观念出发，以作物增产增收为中心，通过平时所进行的各种农业技术措施防治病虫害，除直接杀灭有害生物外，主要是恶化有害生物的营养条件和生态环境，以达到抑制其繁殖率或使其生存率下降的目的。具有效果长久，对人、畜安全，又不会造成对环境污染的特点。具体的农业综合防治措施主要有以下几方面。①及时清洁田园。蔬菜收获后和定植前，要及时清理田园、深翻土地、晒土，使部分病菌、虫卵死亡。定植后，植株老叶、病叶、病株等要带出田园，并进行无害化处理，可以有效减轻病虫害的传播蔓延。②合理进行轮作、间作、套种。③培育壮苗。选用优质高产抗病品种,在播种前用物理或化学方法进行消毒,杀死种子携带的病菌、虫卵,可有效降低苗期病虫害的发生。定植前进行炼苗,可大大提高幼苗抗逆性,提高植株对不良环境条件的抵抗能力。④加强栽培管理。适期播种,使生长期避开不良气候和季节,尽量安排产品器官形成期处于最适合的环境条件下。根据甘蓝生长发育特点和栽培条件,进行合理密植。合理施肥,推广使用配方施肥或生物有机肥,有针对性地施用各种蔬菜专用肥。推广地膜覆盖栽培,设施栽培应采用节水灌溉技术。防治病虫害尽量采取生物防治技术和物理防治技术。加强棚室内温、光、水、气的管理与调控。

2. 生物防治 生物防治是指利用生物天敌、杀虫微生物、农用抗生素及其他生物制剂防治病虫害。利用各种有益生物或生物的代谢产物来控制病虫害,与化学防治相比具有经济、有效、安全、污染小和产生抗药性慢等优点。生物防治方法主要包括以虫治虫、以菌治虫、抗生素治虫、以病毒治虫、生物制剂防治病虫害等,是目前发展无公害蔬菜生产病虫害防治的主要措施。

(1)以虫治虫 利用赤眼蜂防治棉铃虫、烟青虫、菜青虫等鳞翅目害虫;丽蚜小蜂防治温室白粉虱;烟蚜茧蜂防治桃蚜、棉蚜;草蛉可捕食蚜虫、粉虱、叶螨等多种鳞翅目害虫卵和初孵幼虫;瓢虫、食蚜蝇、猎蝽等也是捕食性天敌。

(2)以菌治虫 细菌农药苏云金杆菌防治菜青虫、棉铃虫等鳞翅目害虫的幼虫;苏云金杆菌乳剂与病毒复配的复合生物农药"威敌"防治菜青虫、小菜蛾等。阿维菌素类抗生素、微孢子虫等原生动物也可杀虫。

(3)抗生素治虫 浏阳霉素乳油防治叶螨;1.8%阿维菌素乳油防治叶螨、美洲斑潜蝇、小菜蛾及菜青虫。硫酸链霉素防治蔬菜细菌性病害。植物源农药如印楝素、藜芦碱醇可减轻小菜蛾、甜菜夜蛾、烟粉虱等的危害;苦参碱、苦楝、烟碱、多杀霉素等对多种害虫有一定的防治作用。

(4)病毒制剂防治 弱毒疫苗 N14 防治由烟草花叶病毒侵染引起的番茄、甜椒病毒病,效果较好。

(5)利用昆虫生长调节剂治虫 昆虫生长调节剂通过抑制昆虫生理发育,如抑制蜕皮、抑制新表皮形成、抑制取食等导致害虫死亡,并影响繁殖,具有毒性低,污染小,对天敌和有益生物影响小的特点。目前,大量推广使用的主要有灭幼脲 3 号、氟啶脲、除虫脲、虫酰肼等。

3. 物理防治 物理防治是利用物理因子和机械作用对病虫的生长、发育、繁殖等进行干扰,减轻或避免危害。物理防治往往结合在农业防治中,很多方法不能截然分开。

(1)土壤消毒 土壤高温消毒可以杀死土壤中的有害生物,具有消灭病菌、消灭虫卵和害虫的作用。在夏季高温季节的空茬期,深耕土地,覆盖地膜,利用高温进行表层土消毒,通常处理 7～10 天即可杀死土表病菌和虫卵。秋冬季节深耕土地,利用寒冷天气冻伤、冻死越冬病菌虫卵。还可利用臭氧发生器防治病虫害。

(2)种子消毒 播种前进行温汤浸种或热水烫种,利用高温杀死病菌,可以防治种传病害,如枯萎病、菌核病、疫病、灰霉病、炭疽病等;还可进行药剂消毒处理,杀死种子携带的病菌、虫卵等。

(3)使用防虫网 保护地栽培棚室通风口或门窗处罩上防虫网,防止昆虫飞入,对减轻虫害及由昆虫传播的病害有重要作用,而且还可起到遮阴降温作用。

(4)利用害虫趋避性 昆虫对外界刺激会表现出一定的趋性或避性反应,利用这一特点进行诱杀,减少虫源或驱避害虫。利用蚜虫、温室白粉虱的趋黄性,在田间设置黄板或在棚室通风口挂黄色黏着条诱杀蚜虫及白粉虱。银灰色反光膜反射光中带有红外线,对蚜虫有驱避作用。在温室内吊挂银灰色薄膜条或铝光膜条,在温室后墙上张挂铝反光膜,地面覆盖银灰色薄膜,不仅可以驱避蚜虫,还可改善温室光照条件。利用杀虫灯或食饵诱杀害虫。

甘蓝栽培应加强农业防治和生态控制。选用抗病抗虫品种;合理轮作和间作;保护天敌,大力提倡生态控制;注意通风排湿,降低空气湿度,创造有利于甘蓝生长而不利于病害发生的生态环境。大力推广防虫网、黄板诱杀等物理防治技术,尽可能使用微生物农药或植物制剂农药。使用农药时,要根据所防治病虫害的种类使用合适的农药类型或剂型,使用前要充分了解农药的性能和使用方法,科学地选择施药方式、时间、浓度和剂量。严格注意农药的安全间隔期,加强病虫害预测预报,做到早期防治。

二、化肥使用要求

甘蓝为叶菜类蔬菜,植株生长旺盛,产量高,在生长前期以氮肥为主,叶球形成期对磷、钾、钙的吸收较多,所以结球期施肥需配合一定量的磷肥、钾肥和钙肥。甘蓝是喜肥耐肥作物,对土壤养分的吸收大于一般的叶菜类蔬菜。每生产1 000千克甘蓝需氮(N)4.1～6.5千克、磷(P_2O_5)1.2～1.9千克、钾(K_2O)4.9～6.8千克。甘蓝喜钙,当植株体内缺钙时容易发生心叶尖端枯死或叶球内部腐烂等症状,降低商品品质;甘蓝缺硼时,叶球容易产生空隙,影响叶球生长和产品器官品质,生产中要注意钙肥和硼肥的施用。甘蓝属浅根系作物,根系绝大部分分布于25厘米以内的表土层中,施肥时应注意肥料的施用深度,保证甘蓝能合理有效地利用养分。

甘蓝吸收养分具有生长前期少,后期急剧增加的特点,尤其在甘蓝开始结球时,养分需求量最大,生产中保证结球期肥料供应是获得高产的关键。一般定植前每667米^{2}施充分腐熟的有机肥2 500～3 500千克、磷肥20～25千克。进入莲座期进行第一次追肥,每667米^2

施纯氮 36 千克、氧化钾 3.3～5.5 千克。进入结球期，进行第二次追肥，每 667 米² 施纯氮 3～6 千克、氧化钾 3.3～5.5 千克。甘蓝对钙肥和硼肥有一定要求，钙肥常用石灰作基肥，每 667 米² 施 50～100 千克；硼肥常用硼砂或硼酸，可在叶球形成期叶面喷施，浓度为 0.3％～0.5％。

推广应用优质生物肥。生物肥施入土壤后，不仅能释放土壤中的迟效养分，供蔬菜吸收利用，还能在一定程度上提高植株的抗逆性，降低和减少病害的发生，从而减少农药的使用量，提高产品器官的食用安全性。

微生物肥料是指用特定微生物菌种培养生产的具有活性微生物的制剂，具有无毒无害、不污染环境的特点，通过特定微生物的生命活力能增加植物的营养或产生植物生长激素，促进植物生长。在土壤肥力较高的土壤中，可以适当增加生物肥的施用量，降低无机肥特别是化学氮肥的施用量。微生物肥料肥效的发挥，既受自身因素如肥料中所含有效微生物种类和数量、活性大小等质量因素的影响，又受到外界其他因子如土壤水分、有机质、pH 值等生态因子制约，所以微生物肥料的选择和应用都应注重合理性。

甘蓝高效栽培合理施肥的原则是：根据甘蓝的需肥特点和需肥量，科学选用肥料种类及数量，坚持有机肥与无机肥相结合，基肥与追肥相结合，施肥与其他措施相结合。合理施肥应达到高产、优质、高效和改土培肥等目标,防止环境污染。重施有机肥,控制施用化肥,特别是限量施用氮肥。在甘蓝采收前 20 天左右严禁施肥,尤其是速效氮肥,避免产品器官中亚硝酸盐含量超标。

第五节 优质甘蓝产品标准

中国农业部农产品质量安全中心、农业部蔬菜品质监督检验测试中心关于"无公害食品 甘蓝类蔬菜 NY 5008—2008"中华人民共和国农业行业标准,对无公害甘蓝类蔬菜产品提出如下要求。

一、感官指标

同一品种或相似品种,叶(花)球达到该品种适期收获时的紧实程度,叶(花)球的帮、叶、球有光泽、脆嫩,叶(花)球新鲜、清洁,修整良好,无裂球(结球甘蓝)、绒毛花蕾(花椰菜)、枯黄花蕾(青花菜)、腐烂、异味、冻害、病虫害,允许有 2% 的机械伤。每批次样品中不符合感官要求的按质量计,总不合格率不应超过 10%。同一批次样品规格允许误差应小于 20%。

注:枯黄花蕾、腐烂、病虫害为主要缺陷。

二、安全指标

优质甘蓝产品安全指标应符合表 1-5 的要求。

甘蓝高效栽培新模式

表1-5 优质甘蓝产品安全指标 （单位:毫克/千克）

序 号	项 目	指 标
1	乐果(dimethoate)	≤1
2	敌敌畏(dichlorvos)	≤0.2
3	毒死蜱(chlorpyrifos)	≤1
4	氯氰菊酯(cypermethrin)	≤2
5	溴氰菊酯(deltamethrin)	≤0.5
6	氰戊菊酯(fenvalerate)	≤0.5
7	氟氯氰菊酯(cyhalothrin)	≤0.1
8	抗蚜威(permethrin)	≤1
9	百菌清(chlorothalonil)	≤5
10	铅(以 Pb 计)	≤0.3
11	镉(以 Cd 计)	≤0.05
12	氟(以 F 计)	≤1
13	亚硝酸盐(以 $NaNO_2$ 计)	≤4

注:其他有毒有害物质的限量应符合国家有关的法律法规、行政规范和强制性标准的规定。

第二章　露地甘蓝高效栽培模式

第一节　露地春甘蓝栽培

露地春甘蓝栽培可选取冬性强、结球早的品种,我国北方地区一般在 12 月底至翌年 1 月初育苗,3～4 月份定植,5 月中下旬至 6 月份采收上市。此栽培模式是北方甘蓝生产的主要茬次,春季利用设施育苗,露地定植时适当采取地膜覆盖或加扣小拱棚的形式,可保证产品器官提早上市,获得更高的经济效益。

利用小拱棚、小拱棚加草苫或小拱棚加地膜覆盖进行甘蓝春早熟栽培,可比露地栽培至少提早 15 天上市,而且设施投资小,栽培技术容易掌握,适合在大面积种植露地春甘蓝的地区推广应用。

一、品种选择

选用适合本地区栽培的早熟春甘蓝品种,要求品种冬性强,耐低温,早熟高产。北方地区常用的品种多为早熟品种,一般选用中甘 11 号、8398、中甘 15 号、中甘 17 号等。

1. 中甘 11 号　中国农业科学院蔬菜花卉研究所选育的早熟品种。幼苗期真叶呈卵圆形、深绿色、蜡粉中等,收获期植株开展度 46~52 厘米。叶球近圆形,球内中心柱长 6~7 厘米,单球重 0.75~0.85 千克。球叶质地脆嫩,风味品质优良。植株抗寒性较强,不容易先期抽薹,抗干烧心病。每 667 米² 产量 3 000~3 500 千克。

2. 8398 中国农业科学院蔬菜花卉研究所培育的早熟春甘蓝品种。从定植到成熟 50 天左右。植株开展度 40~50 厘米,叶片浅绿色、蜡粉较少。叶球圆球形,紧实度 0.54~0.6,单球重 0.8~1 千克,每 667 米² 产量 3 000~4 000 千克。冬性强,叶质脆嫩,风味品质优良。在华北、东北、西北等地作春甘蓝栽培,在天津、广东等地作秋冬甘蓝种植。

3. 中甘 15 号 中国农业科学院蔬菜花卉研究所育成的春甘蓝一代杂种。植株开展度 45~48 厘米,外叶 14~16 片,叶片绿色、蜡粉较少。叶球近圆形,叶质脆嫩,单球重 1.3 千克左右。植株冬性较强,不易未熟抽薹。春季从定植到商品成熟 55 天左右,每 667 米² 产量约 4 000 千克。该品种适于我国华北、东北、西北及云南等地春季露地或保护地种植;高寒地区亦可晚春播种,7~8 月份采收上市;长江以南及华南地区可秋季播种、定植,冬季采收上市。

4. 中甘 17 号 中国农业科学院蔬菜花卉研究所选育的早熟春甘蓝品种。植株开展度 40~48 厘米,外叶 12~15 片,叶片倒卵形、绿色,叶面蜡粉中等。叶球紧实,近圆球形,品质优良。从定植到商品成熟约 50 天,单球重 0.8～1 千克,每 667 米^2 产量约 3 400 千克。品种整齐度高,可密植,耐先期抽薹,耐裂球。适于北方地区春季保护地和露地栽培,南方部分地区也可秋季种植。

二、播种育苗

12 月中旬采用温室或大棚育苗,我国北方部分低纬度地区可以利用塑料小拱棚播种育苗,夜间覆盖草苫保温。春季地温较低,可铺设电热温床,提高地温,以保证培育生长健壮、根系发达、抗逆性强的幼苗,并缩短苗龄。育苗前先制作苗床,播种床营养土厚度为 6～8 厘米。播种苗床营养土的配制比例为优质大田土 4～5 份,草炭、马粪等有机物 5～6 份,每立方米加磷酸二铵 0.5～1 千克、50% 多菌灵可湿性粉剂 8～10 克,可有效防止苗期病害的发生。播种前,先将苗床浇透水,待水渗下后,均匀撒播种子,然后覆土厚 0.5 厘米,并覆盖地膜。若育苗时设施内温度条件达不到甘蓝发芽的要求,可在苗床上加设小拱棚,夜间还可在小拱棚上加盖草苫保温。

播种后注意保持苗床温度,等大部分幼苗拱土时,及时撤掉薄膜,再覆一层细土,以防倒伏。低温季节育苗幼苗极易发生猝倒病,可在播种前用 50% 百菌清可湿性粉剂 600 倍液喷洒苗床,有较好的防效,若发生病害要尽快分苗。

出苗前不通风,齐苗后至第一片真叶展平阶段,适当降低温度,防止幼苗徒长。第一片真叶展平后,白天温度保持 18℃～20℃,夜间温度不低于 10℃。在幼苗具 2 片真叶时进行分苗,可采取营养钵分苗法或苗床分苗法。营养钵分苗,一般选择直径 10 厘米的营养钵,先在营养钵内装配制好的分苗营养土。分苗营养土的配制比例为优质大田土 5～7 份,草炭、马粪等有机物 3～4 份,优质粪肥 2～3 份,每立方米加磷酸二铵 1～1.5 千克。营养钵浇透水,水渗下后把幼苗栽种到营养钵中心位置即可。分苗结束后,在营养钵土面上撒一层细干土,有很好的保墒作用,但注意不要把土撒到叶面上,以免影响叶片进行光合作用。也可进行苗床分苗,将幼苗移植到制作好的分苗床上,一般采取暗沟定植法进行分苗,分苗后株行距为 10 厘米×10 厘米。

分苗后为促进缓苗,一般不进行通风。缓苗后适当降低温度,白天温度保持 18℃～22℃,夜间温度不低于 10℃。土壤保持见干见湿,浇水要在晴天上午进行,并结合通风进行排湿,防止设施内湿度过大。定植前 7 天左右要进行秧苗锻炼,一般采取适当降低温室内温度、控制浇水的方式进行。通过秧苗锻炼,可以提高植株对不良环境的抵抗能力,但要注意温度不能长时间低于 10℃,以免幼苗通过春化阶段,导致发生未熟抽薹现象。

三、整地定植

甘蓝对土壤的适应性较强,适宜的土壤 pH 值为 5.5～6.5。栽培时应尽量选择保肥、保水性好的肥沃壤土条件。甘蓝喜肥、耐肥，在施肥时应遵循的原则是：基肥为主，重视追肥，在施足氮肥的基础上，配合磷、钾肥的施用，尤其要注意甘蓝结球期磷、钾肥的施用量。结合整地每 667 米² 普施充分腐熟的有机肥 3 000 千克，深翻土地，做平畦或垄。在定植垄或畦下挖栽培沟，每 667 米² 沟施三元复合肥 20～35 千克、钙肥 1 千克。定植前 7 天可在栽培垄或畦上覆盖地膜，既可以提高地温，还具有较好的保墒效果。定植株行距为 30 厘米×50 厘米，采取暗水定植法。我国华北北部及东北地区一般在 3 月下旬至 5 月初定植，华北及山东等双主作地区于 3 月份定植。露地春甘蓝栽培一定要确定适宜的定植时期，不能过早定植，否则极易发生"未熟抽薹"现象，导致大面积减产甚至绝收。

四、田间管理

为提早采收上市，可以在甘蓝定植后覆盖小拱棚，由于此项工作量较大，应根据当地劳动力价格情况灵活掌握。若覆盖小拱棚，定植后到缓苗前一般不进行通风，以保温为主，以高气温提高地温，促进幼苗根系生长，尽快缓苗。缓苗后可适当通风降温，小棚内温度白天控制在 20℃～25℃、夜间 13℃～15℃。根据植株生长状态进行追肥，一般缓苗后每 667 米² 随水追施尿素 10 千克。晴暖天气可揭开薄膜，保证植株的光照条件，夜间闭合薄膜。随着外界温度的升高要逐渐加大通风量，增加植株在自然状态下的生长时间。当夜间温度稳定在 10℃ 以上时即可撤下塑料薄膜,进入露地生长。

甘蓝根系分布较浅,叶片大,蒸腾旺盛,不耐干旱,要求在湿润气候条件下生长。莲座期能耐受一定的干旱,但易造成生长缓慢,植株弱小,影响产量形成。结球期喜土壤水分多,空气湿润,若环境条件不适宜,易引起叶片脱落,叶球品质不良。因此,在结球期应注意及时浇水,保持土壤湿润,满足叶球生长对水分的需求。植株进入莲座期,一定要保证充足的肥水供应,促进植株营养生长,形成更大的同化面积,为稳产高产打好基础。莲座后期应适当控制浇水,进行蹲苗,当植株心叶开始抱合时,标志着植株已进入结球期,应立即结束蹲苗,开始浇水追肥,促进结球。一般在甘蓝莲座中期,每 667 米² 追施三元复合肥 15 千克;新叶开始抱合和植株进入结球中期时分别追肥 1 次,每次每 667 米² 追施尿素 20～25 千克,追肥后随即浇水。叶球生长后期要保持地面湿润,不再追肥。

五、采　收

春甘蓝在叶球紧实度达到七八成时即可采收,一般根据市场需求进行分批采收。采收时一手扶叶球,一手用刀从叶球根部砍下,除去靠近地面有泥土的叶片,保留较好的外叶即可。

春甘蓝栽培,有些菜农为争取早上市,把播种期过多提前。由于气候原因,再加上栽培管理不当,经常造成早春甘蓝发生未熟抽薹现象,严重影响产量。生产中要注意选择冬性强的春甘蓝品种,并严格控制播种期,育苗期若遇到长期低温,要及时采取保温措施,防止幼苗通过春化阶段,导致未熟抽薹现象发生。

第二节　露地夏甘蓝栽培

夏甘蓝一般选用早熟或中熟品种,多在 4～5 月份播种,7～9 月份上市,可解决秋季蔬菜供应不足的问题。此栽培模式,叶球形成期正处于高温多雨季节,不利于产品器官形成,而且病虫害发生比较严重,对栽培技术要求较高。

北方地区夏秋季较南方地区凉爽,尤其是一些高寒地区,昼夜温差大,病虫害相对较轻,适合夏甘蓝栽培。

一、品种选择

夏甘蓝叶球形成期,正处于高温多雨季节,较容易发生病虫害。生产上应选用耐热、耐湿,抗病虫性强,丰产、优质的夏甘蓝品种。栽培多采用中甘 8 号、京丰 1 号、夏丰、夏光、夏甘 58 等品种。

1. 中甘 8 号　中国农业科学院蔬菜花卉研究所育成。植株开展度 60～70 厘米,外叶 16～18 片,叶片灰绿色、蜡粉较多。叶球扁圆形,叶球紧实度 0.43～0.53,单球重 2～3 千克。秋季早熟栽培,定植至收获 60～65 天,每 667 米^2 产量 4 000～5 000 千克。主要用于秋季栽培，也可兼作中熟春甘蓝和夏甘蓝栽培。

2. 京丰 1 号 中国农业科学院蔬菜花卉研究所和北京市农林科学院共同育成的杂交种。植株开展度 70～80 厘米，外叶 12～14 片，叶片深绿色、蜡粉中等。叶球扁圆形，结球较紧，单球重 2.5 千克左右。植株生长整齐一致，抗病性、适应性强。定植后 85～90 天开始采收，每 667 米^2 产量 4 000～6 000 千克。

3. 夏丰 该品种是耐热夏甘蓝一代杂交种，全国各地都可种植。植株开展度 40～45 厘米，叶片深绿色，叶球稍扁平，单球重 0.5～1.5 千克。本品种具有早熟、耐热、丰产、结球紧、整齐度高、品质好、适应性广等优点。

4. 夏光 属早中熟品种。耐热性较强，适于越夏栽培。株高 32～35 厘米，开展度 55～70 厘米，外叶 16～18 片、灰绿色、蜡粉多、略皱缩。叶球扁圆形、绿色，中心柱高 10～15 厘米。单球重 1～2 千克，每 667 米^2 产量 2 500～4 000 千克。适于山东、天津等气候条件相似地区种植。

5. 夏甘 58 江苏省镇江市农业科学研究所选育成的杂交甘蓝品种。植株耐热性强，高抗病毒病和黑腐病。叶球近扁圆形，质地脆嫩，单球重 1.6 千克左右。该品种早熟，耐热，生长势强，结球紧实，耐裂球，耐贮运。生长期约 105 天，每 667 米^2 产量 3 500～4 500 千克。

二、播种育苗

越夏甘蓝一般在 4～5 月份播种育苗,培育壮苗是夏甘蓝栽培成功的关键。播种前苗床浇足底水,待水渗下后播种,覆盖地膜,搭设荫棚。大部分幼苗出土后,可在傍晚揭膜。齐苗后,选择晴天中午再次覆土,厚度 0.2 厘米左右,既利于幼苗扎根,又具有降低床面湿度的作用。幼苗长至 2～3 片真叶时进行分苗,可采取苗床分苗或营养钵分苗的方法,分苗后保证幼苗营养面积在 10 厘米^2。分苗后可在小拱棚上覆盖遮阳网降温,促进缓苗。雨季来临时应采取防雨措施,可用废旧的棚膜盖到小拱棚上,雨后及时排水,防止育苗床进水,导致大面积病害发生。苗长至 5～6 片真叶时定植,定植前 7 天,让幼苗全天见光,控制浇水,提高植株的抗逆性,以利于幼苗定植后尽快缓苗。

三、整地定植

夏季栽培甘蓝应选择排水方便的地块,不宜与十字花科作物连作。定植前每 667 米^2 施充分腐熟的有机肥 3 000 千克,深耕细作。采用小高畦或高垄栽培,防止夏季雨水过多,导致病害严重。由于夏甘蓝生长势较弱,可适当密植,一般株距为 35～45 厘米,行距为 40～45 厘米,每 667 米^2 定植 3 300～4 500 株。定植应选阴天或晴天傍晚进行,先开沟或按定植穴在垄上刨埯,摆苗,稳坨,浇定植水,为保证定植水充足,可浇 2 次水,待水渗下后封土。

四、田间管理

缓苗后要及时浇缓苗水,浇水宜在早晨或傍晚进行,避免高温高湿对甘蓝产生不良影响,每 667 米² 随水追施硫酸铵 10 千克。浇水应掌握小水勤浇的原则,保持土壤湿润。莲座期、结球期分别进行追肥,每次每 667 米² 追施尿素 20 千克,保证植株生长健壮。雨后或施肥浇水后要及时中耕保墒、除草,促进根系发育。植株封垄后要尽量避免田间作业,以免叶片形成微伤口,为病菌侵染造成有利条件。叶球前期生长速度快,需肥水多,要注重浇水,发现地面见干时就应浇水。进入结球后期必须控制浇水量,防止叶球开裂,影响产品器官品质。

五、采 收

当甘蓝叶球充分膨大时即可采收,连续阴雨天应适当早收,以免产生裂球和发生病害。避免在雨后采收,否则叶球容易腐烂。采收期田间病害发生严重时,应尽快采收上市。

夏甘蓝栽培,育苗期处于高温多雨季节,生长中后期若遇高温干旱天气条件,不利于叶球形成,整个生长时期病虫害严重。根据本地区夏季气候特点选择适宜的栽培品种,培育壮苗,采取遮阴防雨措施,加强病虫害防治和田间管理。可采取分期播种、均衡上市,确保夏甘蓝丰产。

第三节　露地秋甘蓝栽培

露地秋甘蓝栽培一般选用中晚熟品种,6～7月份采用高畦荫棚育苗,7～8月份定植于大田,9～10月份上市。甘蓝结球期环境条件适宜,产量高,品质好,较耐贮藏,是北方地区栽培面积较大的主要茬口。露地秋甘蓝主要是供应周边城市需求,近年来增加了北菜南运、出口外销等多种销售渠道,解决了甘蓝的销售问题。

一、品种选择

秋甘蓝生长前期处于高温多雨季节,叶球形成期的温度条件适宜产品器官生长,结球后期气温较低。因此,生产中应选用耐热、抗寒和产品耐贮藏的中晚熟品种。常见栽培品种有8398、中甘15号、中甘17号、中甘21号、京丰1号等。

二、播种育苗

露地秋甘蓝播种期一般在6月中下旬至7月上中旬。为保证秋甘蓝上市时价格较高,可适当提前或延后播种,但延后时间不宜过长,否则甘蓝生长后期遇低温影响,易发生结球不实的现象,影响产量形成。

秋甘蓝育苗期正值夏季高温多雨季节,要采取高畦荫棚育苗。育苗床要选择肥沃、疏松、没有病虫害的大田土,一般种植 667 米² 甘蓝需苗床 8～10 米²。每立方米营养土拌入充分腐熟的过筛粪肥 10 千克,三元复合肥 0.1 千克,将肥土混合均匀后做高 10 厘米的小高畦。为降低苗期病害,可喷洒 50% 多菌灵可湿性粉剂 600 倍液进行苗床消毒,或每平方米苗床用 50% 多菌灵可湿性粉剂 10 克加细土 4 千克配制药土,做苗床时上铺 2/3 药土,播种后覆盖剩余 1/3 药土,俗称"下铺上盖"。选择晴天傍晚播种,播种前先将苗床浇透水,水渗下后在苗床上撒一层细干土,播后覆盖 0.5 厘米厚的细土。每平方米播种量约 3 克。播种后要及时搭棚覆盖遮阳网,育苗期间下雨应覆盖塑料棚膜,避免雨水淋灌苗床,以降低苗期病害的发生。

种子出土前要注意保持床土湿润,一般每隔 1～2 天浇水 1 次,直至出苗。幼苗 2 片真叶时进行分苗,保证每株幼苗的营养面积为 10 厘米^2。苗期要加强管理,防止阳光直射,浇水选择早上或傍晚进行。幼苗逐渐长大后,视天气情况减少浇水次数。定植前 7 天,逐渐撤掉覆盖物,并控制浇水进行炼苗。若幼苗出现缺肥症状,可于定植前喷施 1 次叶面肥。一般甘蓝日历苗龄 40 天左右,生理苗龄 6～7 片真叶即可定植。

三、整地定植

选择土壤肥沃、通风透光、排灌方便的地块,要求栽培地块 3 年内未种过十字花科蔬菜。由于栽培多选用中晚熟品种,生长周期长,需肥量大,定植前结合整地每 667

米^2 施充分腐熟的有机肥 4 000 千克、三元复合肥 30 千克、过磷酸钙 30 千克、氯化钾 15 千克。为方便排灌，一般采用起垄栽培，定植株行距为 35～50 厘米×50～55 厘米，早熟品种每 667 米^2 定植 2 400～3 800 株，中熟品种 2 500～3 500 株，晚熟品种 2 500 株左右。

秋甘蓝定植期正处于高温季节，定植应选择阴天或晴天傍晚进行。定植前 1 天，苗床要浇透水，起苗时尽量多带土，以减少根系损伤。起苗时要将大小苗分开，根据幼苗大小分别定植，以利于日后的栽培管理。定植时在垄上开沟，将甘蓝幼苗按照株距摆放在沟内，用土适当稳坨，然后立即浇定植水。定植水一般浇 2 次，第一次水渗下后浇第二次。第二次水渗下后覆土，覆土高至子叶下部为宜，避免将幼苗生长点埋到地下。覆土后逐垄沟浇水，以提高定植成活率。定植后若发现缺苗要及时补苗。

四、田间管理

1. 水分管理　露地秋甘蓝生长前期气温较高，应根据土壤情况及时浇水，浇水最好选择晴天傍晚进行。缓苗后要浇缓苗水。暴雨后注意排水，干旱时及时浇灌，保持土壤见干见湿。甘蓝进入莲座期后保持土壤湿润，莲座后期心叶开始抱合时及时蹲苗，避免浇水，保证甘蓝正常进入结球期。甘蓝进入结球期后，植株生长量大，叶片蒸腾旺盛，要保证水分的充足供应。结球后期尽量少浇水，防止发生裂球或因田间湿度过大而发生严重病害。

每次浇水后要及时中耕松土,促进植株根系发育。甘蓝封垄后尽量避免农事操作,防止因损伤叶片而导致发生病害。

2. 肥料管理 缓苗后随水追施 1 次提苗肥,一般每 667 米² 施尿素 10 千克。莲座期要保证充足的肥水供应,为植株进入结球期奠定良好的营养基础。莲座初期和结球初期,植株生长量大,对养分的需求量较大,是甘蓝产量形成的关键时期,应分别进行追肥,每次每 667 米² 可随水追施三元复合肥 15～20 千克。结球中期,每 667 米² 随水冲施硫酸铵 15 千克,促进结球紧实。

五、采　收

露地秋甘蓝大多选择中晚熟品种,采收时可根据植株的整齐度,待叶球长至充分紧实时一次收获。一般用手掌在叶球顶部压一下,感觉坚硬紧实就可以采收了。若就近销售,可用刀从叶球根部砍下,保留 1～2 片外叶即可;若贮藏,可将甘蓝连根拔起,将外叶覆盖在叶球上晾晒,叶球中的含水量降低后再采收叶球贮藏。

第四节　露地甘蓝越冬栽培

甘蓝一般可耐受短期−8℃的低温,低于−10℃时需覆盖保温,温度太低的地区,甘蓝则不可越冬。近年来,通过育种工作者的不懈努力,选育出了一些能耐受−15℃,短期耐受−18℃的越冬甘蓝品种,扩大了越冬甘

第二章　露地甘蓝高效栽培模式

蓝在我国北方地区的栽培面积。甘蓝露地越冬栽培成本低，产品器官容易达到无公害的标准。露地越冬栽培甘蓝可供应春节和 3～4 月份蔬菜市场，经济效益较好。

一、品种选择

甘蓝露地越冬栽培要注重品种选择，在生产中一定要选择耐寒性、冬性强，生长期长的品种。适宜北方露地越冬栽培的甘蓝品种主要有冬冠 1 号、冬春 1 号、冬春 2 号、寒春等。

1. 冬冠 1 号　中国农业大学选育的一代杂种。株高约 45 厘米，开展度约 55 厘米，叶片深绿色、蜡粉中等。叶球圆形或扁圆形，单球重 2～2.5 千克。定植到收获需 68～70 天。品种抗冻性强，能耐受 −19℃ 的冷冻低温，抗抽薹。适宜黄淮海流域及北方广大地区秋季栽培，也可进行秋季播种的越冬栽培。

2. 冬春 1 号　该品种开展度约 50 厘米，叶片深绿色，叶球顶部微尖、心脏形，中柱短，包心紧实，单球重 1.5 千克左右，一般每 667 米^{2}产量 4 000 千克以上。抗寒能力极强，在不加保温措施的情况下，可在 −8℃ ～−10℃ 地区安全越冬。适宜利用西瓜、棉花、水稻、果园等冬闲地茬口进行露地越冬栽培。

3. 冬春 2 号　该品种植株开展度约 50 厘米，株高约 30 厘米，外叶 11 片，蜡粉少。叶球圆球形、顶部微尖，叶片浓绿色，结球紧实。冬性强，在 −16℃ 低温条件下，不加保温措施能正常越冬,凡是冬小麦种植区域基本都可种植。单球重约 1.5 千克,每 667 米² 定植 4 000 株左右、产量 5 000 千克以上。

4. 寒春 该品种为中晚熟一代甘蓝品种,适合长江中下游地区种植。株型紧凑,开展度约 47.8 厘米,外叶厚、墨绿色、蜡粉中等。叶球平头型,球高约 10.8 厘米。单球重 1～1.5 千克,每 667 米² 产量 4 000～5 000 千克。耐寒性强,不易裂球,尤其适合进行甘蓝秋季或越冬栽培。

二、播种育苗

露地越冬甘蓝栽培关键技术是适期播种,播种过早植株生长量过大,已基本成熟的植株抗性逐渐降低,不利于越冬;播种过晚的植株处于半包球状态,最易通过春化而抽薹,从而导致种植失败。确定播种期应以生长期的长短及当地秋季气候特点及早霜到来的时间等因素综合而定。越冬甘蓝在我国北方地区的播种时间一般在 7 月份至 8 月上旬,长江以北地区无霜期略短,越往北温度越低,播种期应适当提前。华北南部河南、山东等地播种期应在 7 月上旬至 7 月底。在适播期内宁早勿迟,使植株在越冬前形成不太紧实的叶球,以保证安全越冬。

越冬甘蓝露地育苗期正值夏季高温多雨季节,苗床应选择土壤疏松肥沃、排灌方便、通风的地块,床土选择未种植过蔬菜的大田土最好。每立方米床土施充分腐熟的有机肥 10 千克、三元复合肥 0.5～1 千克。为降低苗期病害的发生,可喷 50％多菌灵可湿性粉剂 600 倍液消毒。土肥充分混合均匀后过筛,制作苗床,耙平畦面。播种前先浇水,水渗下后播种,甘蓝种子一般采取干籽直播的方式,播后覆盖 0.5 厘米厚细土。播种后在苗床上设棚覆盖遮阳网。夏季高温蒸发量大,一般每 1～2 天浇水 1 次,保持畦面湿润。幼苗出土后,视天气情况减少浇水次数,雨后要及时排水。幼苗长至 2～3 片真叶时进行分苗,保证每株幼苗营养面积 10 厘米^2。

三、整地定植

一般在 8 月下旬至 9 月上旬定植。选择排灌条件好,2～3 年未种植十字花科作物的地块,每 667 米^2 施充分腐熟的有机肥 2 000～3 000 千克、钙镁磷肥 30 千克、氯化钾 15 千克,深翻细耙,做高畦或高垄。高畦畦宽 1.2 米,高垄垄距 55～60 厘米。高畦栽培每畦定植 2 行,行距 60 厘米,株距 35～40 厘米。早熟品种株距可小些,中晚熟品种适当加大株距;高垄栽培垄高 20～25 厘米,行距 40～45 厘米,株距 30～33 厘米。选择阴天或晴天傍晚定植,可以降低幼苗的蒸腾作用,提高定植成活率。定植前 1 天,苗床要浇透水,秧苗宜带土移植,起苗尽量少伤根。定植水要浇足,一般浇水 2 次。为促进缓苗,覆土后可在垄沟或畦间浇大水。

四、田间管理

缓苗后可结合浇水每 667 米^2 冲施尿素 10 千克。进

甘蓝高效栽培新模式

入莲座期要保证充足的肥水供应，一般在莲座中期每 667 米² 施尿素或磷酸二铵 20 千克。莲座后期要控制浇水施肥，当甘蓝球叶开始抱合时，标志着植株已进入结球期。进入结球期后要保证充足的肥水供应，一般结合浇水追肥 2～3 次，每次每 667 米² 施尿素 25～30 千克。入冬前越冬甘蓝植株外部特征表现：生长势强，叶片厚实，根粗壮，进入包球中后期的叶球球径 20 厘米以上，结球紧实度达六七成。越冬期间一般不需管理，但为防止个别小苗受冻，有条件的地区越冬时可浇 1 次封冻水，以提高甘蓝植株的耐寒性，保证安全越冬。若栽培地区冬季 －10℃ 的低温持续时间过长，可用干草秸秆之类的材料稍加覆盖。越冬后天气逐渐转暖，甘蓝开始返青，应及时浇足返青水，并随水追 1 次肥料，一般每 667 米² 施尿素 10 千克，浇水后进行中耕松土，促进甘蓝迅速生长。

五、采 收

露地甘蓝越冬栽培，没有严格的收获期，可根据市场需求灵活掌握上市时间。越冬甘蓝经过漫长的冬季，产品器官已基本长成，一般在 2 月中旬至 3 月中旬以前采收，采收过晚会因为抽薹而降低品质。

第五节 高寒地区甘蓝一年一茬栽培

高寒地区甘蓝一年一茬栽培应选用晚熟品种，于春末夏初育苗，夏季定植，秋冬季收获。在我国北方内蒙古、黑龙江等高寒地区,无霜期短,应选用大型晚熟甘蓝品种,一般于4月份至5月初冷床育苗,5月份至6月中下旬定植,10月上中旬收获。高寒地区昼夜温差大的环境条件适宜产品器官形成,病虫害较少,产品品质高,适宜贮藏和远距离运输销售。

一、品种选择

高寒地区栽培甘蓝应选择冬性强、品质好、叶球紧实、抗裂球、耐贮运、商品性好的中晚熟品种,有中甘11号、京丰1号、绿宝、世农720等。

1. 绿宝 该品种开展度70~80厘米,外叶12~14片,叶片深绿色、蜡粉中等。叶球紧实、扁圆形,单球重2千克左右,叶球品质口感优良,抗裂球。植株对黄萎病、黑腐病抗性较强,耐寒性强,不易抽薹,丰产性突出。

2. 世农720 该品种定植后55天左右可收获,抗病性强,易栽培。外叶深绿色、蜡粉多,耐寒性及耐湿性强。叶球圆形、翠绿色,结球紧实,商品性好,单球重0.8~1.2千克。抗倒伏,不易裂球,耐运输。

二、播种育苗

培育适龄壮苗是栽培的关键,此栽培茬口育苗期40天左右,生产中可根据栽培地区的气候特点合理确定播种期。育苗可以选择温室、大棚或阳畦,也可进行露地育苗,但露地育苗前期最好结合覆盖小拱棚,防止育苗期间植株通过春化阶段,导致未熟抽薹现象发生。播种前配制营养土,制作播种苗床,浇足底水,水渗下后播种,播种多采取撒播方式。甘蓝种子可以干籽直播,为促进种子尽快发芽,也可浸种2小时后播种,浸种后的种子播种时掺少量细沙可以保证播种均匀。播种后覆土厚1厘米,然后覆盖地膜保墒。出苗前不进行通风,白天温度保持20℃～25℃、夜间15℃～18℃。出苗后立即揭去地膜降低温度,白天温度保持18℃～22℃、夜间12℃～15℃,夜间温度不低于10℃。苗期一定要控制夜间温度,夜温过高容易导致幼苗徒长,不利于培育壮苗。幼苗2片真叶时进行分苗,苗床分苗行株距均为8～10厘米,或将幼苗直接分到直径10厘米的营养钵内。分苗后提高温度,白天温度保持20℃～25℃、夜间10℃～15℃。缓苗后降低温度,白天温度保持15℃～20℃、夜间10℃～15℃。定植前7天控制浇水并降低温度进行炼苗。甘蓝壮苗的形态特征是:5～8片真叶,叶片浓绿色、肥大,茎粗壮,根系健壮发达。

三、整地定植

　　高寒地区甘蓝一年一茬栽培由于生长期长,一定要选择土层深厚、肥沃、保水保肥力好的地块进行栽培。冬前深耕晾垡,翌年春结合整地每667米² 施充分腐熟的有机肥4 000～5 000千克、三元复合肥30千克。起垄或做畦栽培均可,畦栽以平畦为主,也可采取高畦栽培,应根据栽培地区的环境条件选择适宜的栽培方式,一般畦宽1

米、长 8～10 米；垄栽一般垄距 60～70 厘米，垄高 10～15 厘米。

当 10 厘米地温达到 8℃ 以上时，即可选晴天定植，高寒地区的定植时间在 5 月下旬至 6 月中旬。株距一般 35～45 厘米，可根据土壤和肥水条件灵活掌握，如果土壤和肥水条件好可适当密植；土壤和肥水条件差的则适当稀植。此外，晚熟品种株行距要大于中早熟品种，早熟品种每 667 米² 栽植 3 000～3 800 株、中熟品种 2 500～2 700 株、晚熟品种 1 800～2 200 株。定植后及时浇水。

四、田间管理

高寒地区栽培甘蓝，昼夜温差大，即使是夏季气温也较低，不适合病虫害的发生；而且产品器官形成期正好处于气候条件最适合甘蓝生长的时期，田间管理技术相对其他的栽培模式比较简单。定植缓苗后浇缓苗水，然后控制浇水，加强中耕，以提高地温。植株生长前期田间管理主要是中耕、除草，促进根系生长，增强植株抗寒能力，减少甘蓝未熟抽薹现象发生。由于生长前期温度较低，尽量少浇水，防止地温低而导致幼苗生长缓慢。缓苗后，每 667 米² 多随水追施速效氮肥 7.5～10 千克，促进莲座叶生长。浇水后要注意中耕，增强土壤的透气性，保证根系生长。第一次追肥后 15 天左右进行第二次追肥，每 667 米² 施尿素 20 千克。莲座末期可适当控制浇水以促进结球。甘蓝生长中期是高温多雨的夏季，暴雨过后要及时排水,同时要严防病虫害发生。进入结球期进行第三次追肥,结合浇水每 667 米² 施尿素或磷酸二铵 15 千克。晚熟品种外叶多且硕大,在整个生长过程中可根据植株生长状况多追施 1 次肥。

<h2 style="text-align:center">五、采　收</h2>

高寒地区甘蓝一年一茬栽培模式宜在叶球紧实时采收。采收后去掉叶球上的黄叶和有病虫斑的叶片,按照叶球的大小进行分级包装。如果需要延期采收,应铲断根系,防止因叶球过度成熟而出现开裂现象。采收后可直接上市,或在 0℃ 条件下预冷后,放入 0℃～2℃ 的冷库贮藏。

第六节　露地春甘蓝间作套种栽培

一、甘蓝、果树间作栽培

甘蓝可以与 1～3 年的幼年果树进行间作,或利用成年果树的大行距进行越冬栽培,以增加果园土地利用率,提高果园的经济效益。我国北方大部分地区新建果园均可与甘蓝进行间作栽培。甘蓝栽培茬口比较灵活,可以选择露地春茬、夏茬、秋茬等栽培模式,栽培时根据果树需肥量大的特点,注重氮、磷、钾肥的合理施用。甘蓝与成年果树间作栽培主要是越冬茬口,此期间正是果树落叶休眠期,甘蓝与果树的生长相互之间不受影响,翌年春甘蓝产品即可采收上市,每 667 米^2 采收甘蓝 2 500～3 000 千克,可以有效解决春淡季蔬菜的供应问题,是一种非常好的栽培模式。

1. 品种选择 在我国北方地区种植越冬甘蓝,要求冬季温度在 −10℃ 左右,最低温度不低于 −18℃。可选用耐寒性强、成熟早、品质好的中甘 18 号、中甘 20 号、京丰 1 号等品种。

2. 播种育苗 生产中此茬口甘蓝多采取育苗移栽。播种期为 7 月底至 8 月初,最迟不能晚于 8 月 10 日。育苗期处于高温多雨季节,应选择地势较高、能排能灌的地块制作苗床,育苗期间最好设置荫棚遮光避雨。出苗后,要保持苗床湿润,当幼苗具 2 片真叶时进行分苗,保证每株幼苗的营养面积为 10 厘米^2。幼苗具 6～8 片真叶、苗龄 40 天左右即可定植。定植前 7 天要进行秧苗锻炼。

3. 整地定植 甘蓝定植期一般在 9 月份,为方便果树栽培管理,甘蓝定植在果树行间,果树保留 1 米的距离,株距 30～35 厘米,行距 55～60 厘米。定植前结合整地每 667 米^2 施充分腐熟的有机肥 5 000 千克、三元复合肥 50 千克、钙肥 15 千克,整平做畦,浇透底水。定植时边栽苗边浇水,全部定植后在行间浇水,这样有利于幼苗成活。

4. 田间管理 缓苗后浇缓苗水,并随水追施提苗肥,促进幼苗快速生长,每 667 米^2 可追施尿素 10 千克。植株进入莲座期要保证充足的肥水供应,一般在莲座中期每 667 米^2 追施尿素 15 千克,追肥后立即浇水。莲座后期要控制肥水,适当蹲苗,当心叶开始抱球时,标志植株已经进入结球期,结束蹲苗。植株包心达六七成时,应控制浇水,提高植株的抗寒能力。

越冬甘蓝植株一般能耐受 $-12℃ \sim -15℃$ 的低温。若在越冬前浇 1 次封冻水可以提高植株的抗寒能力。翌年 2～3 月份,植株返青时浇返青水,每 667 米^2 随水追施尿素 15 千克。浇水后要适时中耕松土,促进甘蓝尽快恢复生长。当叶球开始生长时,再追肥 1 次,每 667 米^2 施尿素 15 千克。采收前注意控制浇水,防止叶球开裂。

5. 采收 4 月份叶球充分紧实后开始采收,根据市场行情和甘蓝生长状况适时分批采收上市,提高经济效益。

二、甘蓝、番茄间作栽培

番茄和甘蓝间作,番茄叶片散发的气味可使危害甘蓝的菜青虫和蚜虫难以存活;同时,它们各自吸收的营养不同,互不争利。采取甘蓝、番茄间作栽培可以降低虫害发生率,减少农药的使用量,有效提高产品器官品质,是一种非常好的栽培模式。甘蓝、番茄间作栽培适于春季露地栽培,可采取地膜覆盖,提早定植,提前上市,以有效解决早春淡季蔬菜供应。

1. 品种选择 适宜间作的番茄品种有 L-402、西粉 3 号、鲁粉 2 号等。甘蓝品种有中甘 11 号、中甘 12 号、报春甘蓝等。

2. 播种育苗

（1）甘蓝　我国东北、西北地区甘蓝播种育苗期在 2 月份，双主作地区在 1 月份至 2 月初。此期正处于低温季节，苗床应加扣小拱棚，还可使用电热温床育苗，尽量提高地温以培育壮苗。选晴暖天气的上午播种。先将苗床畦面浇透水，水渗下后将种子均匀地撒播在畦面上，覆土厚度 1 厘米，然后覆盖地膜。播种后立即扣小拱棚，夜间可加盖草苫。出苗期白天温度保持 25℃左右、夜间 15℃～18℃。当大部分幼苗拱土时及时撤掉地膜，并适当降低温度，白天温度保持 18℃～20℃、夜间 10℃左右。此期外界温度较低，幼苗的蒸发量小，一般不浇水，防止降低地温。若苗床缺水，可在苗床上撒细潮土或浇小水。温室内温度能满足幼苗生长需求时，要揭开小拱棚棚膜，保证良好的光照条件，有利于幼苗生长和培育壮苗。幼苗 2 片真叶时进行分苗，可将幼苗分到苗床或营养钵中，保证每株幼苗的营养面积为 10 厘米^2。分苗后提高苗床温度，白天温度保持 22℃～25℃、夜间 15℃左右。缓苗后，适当降低温度，尤其是控制夜间温度不能过高，防止幼苗徒长，但避免温度长时间在 8℃以下，否则幼苗通过春化阶段会造成未熟抽薹。定植前 7 天降低温度并控制浇水进行炼苗。甘蓝壮苗的标准是苗龄 45～60 天、5～7 片真叶，叶片肥大，叶片深绿色，节间短，根系发达。

（2）番茄　我国东北、西北地区番茄播种育苗期在 3

月下旬至 4 月上旬,双主作地区在 2 月初至 3 月份。播种前先进行温汤浸种,把种子放入55℃～60℃的热水中 15 分钟,浸种期间要不断搅拌,防止种子局部温度过高。水温降至室温后浸种 8～12 小时。采取温汤浸种的方法可以杀死种子表面携带的病菌,有效防治番茄叶霉病、斑枯病、早疫病等病害。浸种后,将种子清洗干净,用湿纱布包好,放到 28℃～30℃环境中催芽,催芽期间每天翻动种子包并清洗种子 2～3 次,当 70％的种子发芽时即可播种。

播种前用 50％多菌灵可湿性粉剂 500 倍液喷洒床土进行消毒处理,然后用塑料薄膜严密覆盖,3 天后打开薄膜,让药蒸发,7 天后即可播种。将催芽处理的种子均匀地撒播在苗床上,保证每粒种子营养面积 1 厘米²,播种后覆土厚 1 厘米,覆盖地膜。为保证发芽期间适宜的温度条件,可铺设电热温床并加设小拱棚。发芽期间气温保持25℃～30℃、地温 22℃～25℃。当大部分种子拱土时及时撤掉地膜,适当降低温度,白天温度保持 20℃～25℃、夜间 12℃～18℃。齐苗后,苗床温度切忌偏高,保证幼苗生长健壮。当幼苗具 2 片真叶时开始分苗,保证每株幼苗的营养面积为 10 厘米²。缓苗后选择晴天中午浇水,浇水后进行通风排湿,防止温室内湿度过大。番茄苗期易发生立枯病、猝倒病等,发病初期,先拔除病苗,然后用 50％多菌灵可湿性粉剂 500 倍液,或 75％百菌清可湿性粉剂 600 倍液喷施防治。在定植前 5～7 天,进行秧苗锻炼，以增强幼苗抗逆性，尽快适应定植后的环境。番茄壮苗指标是幼苗6～7片真叶，20～23厘米高，茎粗壮、短缩，茎基部深紫色，叶片浓绿色，根系发达，苗龄55～60天。

3. 整地定植 定植前结合整地每667米^{2}施充分腐熟的有机肥5 000千克、三元复合肥20千克、过磷酸钙20千克。番茄与甘蓝间作常采用2∶4的定植方式，即2行番茄间作4行甘蓝。间作采用高、低垄形式，高垄垄面宽100厘米，种2行番茄，株行距25厘米×50厘米，垄高40厘米，沟宽40厘米；低垄垄面宽132厘米，种4行甘蓝，株行距33厘米×33厘米，垄高25厘米，沟宽40厘米。早春地膜覆盖可提高地温、提早成熟，还可以保持土壤疏松，具有很好的保水、保肥能力，并能抑制杂草生长。在进行甘蓝和番茄定植前，先在栽培畦上覆盖地膜，然后定植，不仅可以节省劳动力，还可以保证产品器官提早7天左右上市。定植甘蓝应在地温不低于8℃时进行，在露地最低气温稳定在12℃时定植番茄。选晴暖天的上午定植，栽苗时秧苗基部覆盖地膜处覆土要严紧，防止地膜被风刮破。

4. 田间管理

（1）甘蓝 定植初期蒸发量小，一般不浇水。定植15天左右第一次追肥，每667米^{2}施尿素15千克，追肥后浇水。莲座叶开始旺盛生长时控制肥水进行蹲苗，促使植株生长健壮。当心叶开始抱合、莲座叶明显挂厚蜡粉时，结束蹲苗,开始浇水。莲座叶封垄后,不再中耕,进行 1 次追肥,每 667 米² 施尿素 20 千克。

(2)番茄　番茄定植缓苗后,第一花序进入开花期,为保证植株正常坐果,要控制营养生长,协调好营养生长和生殖生长的关系。当第一穗果坐住后,幼果进入迅速膨大时期,应及时浇水追肥,促进果实迅速长大。当第一穗果由青转白时,进行第二次浇水追肥,每次每 667 米² 施三元复合肥 15 千克,或磷酸氢二钾 15 千克、硫酸钾 10 千克。以后每隔 6～7 天浇 1 次水。在盛果期要注重肥水的均匀供应,在第二穗和第三穗果膨大时分别进行 1 次追肥,每次每 667 米² 追施三元复合肥 10～15 千克。番茄为蔓生性,露地栽培需要插架,多采用"人"字形支架。番茄早熟栽培宜采用单干整枝,即保留主干,其余的侧枝全部打掉,一般留 3～4 穗果摘心,要求在最后 1 穗果上面留 2 片叶摘心。为使坐果整齐,可进行疏果,一般大果型品种每穗果保留 3～4 个,中果型品种每穗果保留 4～5 个,疏去过多的小果和畸形果。结果后期可将植株下部老化叶片摘除,以利通风透光。

5. 采收　甘蓝春早熟栽培应适当早收,上市越早,价格越高。番茄一般在果实进入转色期开始采收,就近销售。

三、甘蓝、棉花间作栽培

甘蓝较耐寒冷,适于早春栽培,在春季棉田间作甘蓝,可充分利用土地和光热资源,栽培管理技术简单,而且甘蓝对棉花影响较小,可以实现棉花和甘蓝双高产。采用棉花、甘蓝2∶2种植,即2行棉花间作2行甘蓝。棉花采用大小行,大行距80厘米,小行距60厘米,株距26厘米。甘蓝采用等行距种植,行距55～60厘米,株距30～35厘米。采用起垄栽培的方式,棉花种在垄上,甘蓝定植于垄沟里。最好进行地膜覆盖栽培,既能使甘蓝提早上市增加收入,又可促使棉花苗早发快长。

1. 品种选择 棉花选用高产、适应性广、抗病性强、单株增产潜力比较大的品种,北方棉区可选择鲁棉研15号、鲁棉大型16号、中棉所19号等品种。甘蓝选择较耐寒冷、早熟、高产、冬性强的品种,可选用中甘11号、中甘12号、鲁甘2号等。

2. 播种育苗

(1)甘蓝 2～3月份采用温室或大棚育苗。育苗营养土多由大田土、马粪土、草炭及速效肥料配制而成,大田土占6～7份,马粪草炭土占3～4份,每立方米营养土加三元复合肥1～1.2千克。配制时将所有材料充分搅拌均匀,过筛后土壤pH值调至6.5～7,然后制作苗床等待播种。

为提高种子出芽率可用55℃～60℃温水浸种15分钟,室温水再浸种2小时后直接播种,或将浸种后的种子放于25℃恒温箱内催芽,70%种子露白时播种。将育苗床整平,浇透底水,水渗下后撒一薄层过筛细土,然后播种。每平方米播种量为 4 克左右,播种后覆土厚约 1 厘米。为防止苗期病害发生,播种前每平方米苗床用 50％多菌灵可湿性粉剂 10 克左右,对土壤进行消毒杀菌。

出苗前不通风,白天温度保持 20℃～25℃、夜间 13℃～15℃。幼苗出土后开始适当通风,降温降湿蹲苗,白天温度保持 12℃～15℃、夜间 5℃～8℃。蹲苗后再逐渐提高温度,白天温度保持 15℃～20℃、夜间 8℃～10℃。幼苗长至 2 叶 1 心时进行分苗,可采取营养钵分苗法或苗床分苗法,保证每株幼苗的营养面积为 10 厘米^2。缓苗后,要及时通风并降低温度,防止幼苗徒长。当幼苗茎粗达 0.5 厘米以上时,温度应尽量保持在 15℃以上,以免植株通过春化阶段。定植前 5～7 天可以适当降低温度,并控制浇水,进行炼苗。

春季甘蓝育苗易出现未熟抽薹现象。除严格掌握播种期外,还要注意苗期施肥,施肥少营养条件差,易抽薹;施肥过多,幼苗生长太快,容易过早感受低温。所以,在甘蓝苗期要严格控制施肥。

(2)棉花　甘蓝、棉花间作栽培,棉花一般在 4 月上旬播种育苗,可以利用大棚、日光温室或小拱棚育苗。营养土配制,最好选用未种过棉花的肥沃大田土 4 份,草炭或其他疏松物质 2 份,充分腐熟的有机肥 4 份,每立方米营养土加三元复合肥 1 千克。充分混合拌匀,过筛后装入直径 10 厘米的营养钵中。棉花种子最好采取温汤浸种的方法进行处理,以杀灭种子表面携带的大量病菌,可避免苗期病害的发生。种子处理后可以直播,也可以催芽后再播种。选择晴天上午播种,将营养钵浇透水,水渗下后播种,将种子播种到营养钵中央位置,播种后覆土,覆土厚 2 厘米,然后在营养钵上覆盖薄膜。播种至出苗期间,白天温度保持 25℃～30℃、夜间 15℃左右。出苗后及时撤掉地膜,降低温度,出苗至 3 片真叶期,白天温度保持 25℃～30℃、夜间 20℃～25℃。育苗期间苗床土壤保持见干见湿,定植前 5～7 天进行炼苗。

3. 整地定植 秋季深耕晒垡,翌年春当露地 10 厘米地温稳定在 5℃以上时进行整地,结合整地每 667 米² 施充分腐熟的有机肥 5 000～6 000 千克、过磷酸钙 50 千克。深翻细耙,然后按照棉花和甘蓝的行距起垄。3 月中下旬至 4 月上旬定植甘蓝,5 月上中旬定植棉花,定植时在株间每 667 米² 点施三元复合肥 40 千克。

4. 田间管理

(1)甘蓝 甘蓝若想提早上市,可以整地后先覆盖地膜再定植。定植后一般不浇水,缓苗后浇缓苗水,并每 667 米² 随水追施尿素 10 千克,促进幼苗快速生长。浇水后立即中耕,促进甘蓝根系发育。甘蓝进入莲座期,应保证植株充足的水分供应,一般追肥 1～2 次,每次每 667 米² 施尿素 15 千克。进入莲座后期,应控制浇水进行蹲苗,促进球叶分化。进入结球期,应肥水齐攻,促进叶球迅速增大。甘蓝收获后,及早清除田间残留叶片,便于棉花田间管理和通风透光。

(2)棉花 棉花苗期浇水易降低地温,既影响幼苗生长,还有可能造成苗期病害发生,因此一般不宜浇水。如确需浇水时应浇小水,切忌大水漫灌。棉花苗期在施足基肥的基础上一般不进行追肥,应注意中耕松土,以促进根系发育,保证秧苗粗壮。进入现蕾期,应控制浇水、施肥,这是因为浇水施肥极易造成植株营养生长过于旺盛,而影响生殖生长,俗称"疯秧"。此时期的主要任务是调节好营养生长与生殖生长之间的关系,让植株营养生长与生殖生长协调并进,为获得稳产高产奠定基础。现蕾后进入花期,此期植株不仅开花结果,同时也是营养生长较快的时期,需求的养分水分量较大。当棉花植株上有果实坐住要及时追肥浇水,一般每 667 米^2 追施尿素 25 千克、磷酸二氢钾 10 千克,保证植株生殖生长的需要。植株进入生长后期,若出现缺肥状况,可用 0.2% 磷酸二氢钾溶液进行叶面喷施。

浇水宜采用沟灌,切忌大水漫灌。遇暴雨时应及时排除田间积水。雨后和浇水后要适时中耕,中耕宜浅不宜深,避免伤根。同时,要分次进行培土,以防止植株生长过于旺盛而出现倒伏,影响产量。

在棉花生长期间应及时去掉主茎上的营养枝,按照"时到不等枝、枝到看长势"的原则进行打顶,每株留果枝 10~13 个。植株调整应分次进行,打掉的枝叶要及时带出田间处理,以降低田间病虫害发生。

5. 采收 当甘蓝叶球长至七八成熟时,即可开始采收,采收要根据市场行情,分次分批采收。采收时保留适当外叶,以保护叶球免受沾污和损伤。棉花吐絮后,一般每隔5~7天采摘1次,要适时精收细收,以提高棉花质量和品级。把同时期吐絮和吐絮期不同的棉絮按好与次实行分摘、分晒、分存、分售。

四、西瓜、春甘蓝套种栽培

西瓜与春甘蓝套作,不仅可以充分利用土地、空间和时间,还可以增加作物种类和产量,提高经济效益。甘蓝定植较早,前期生长量大,当西瓜定植时甘蓝已基本达到采收标准,西瓜幼苗刚定植时生长量小,植株小,与甘蓝生长互不影响,是一种非常好的套种栽培模式。

1. 品种选择 甘蓝选用成熟较早,抗病性强,收获期集中的中甘11号、中甘15号、秦甘60、绿冠早生等品种。西瓜选用高产、适应性广、抗病性强、品质好、耐贮运和商品性好的品种,如西农8号、庆红宝、锦王等。

(1)秦甘60 该品种定植至收获60天左右,植株开展度约52厘米,外叶8~10片、较少、深绿色,叶面蜡粉中等。叶球近圆形,包球紧实,单球重约1.4千克。品种抗多种病害,抗裂球,冬性强。适宜北方地区秋早熟、秋延后和春季栽培,南方地区可常年栽培。

(2)绿冠早生 该品种定植至采收50天左右,植株根系发达,生长势旺,整齐度高,高抗病。叶球圆球形,球叶绿色,叶质脆嫩,品质极佳。品种冬性强,耐先期抽薹,不易裂球,单球重 1.1 千克左右。适宜我国北方地区早春栽培。

2. 培育壮苗

(1)西瓜育苗　西瓜不耐连作,抗土传病害能力差,在生产中,为避免西瓜土传病害的发生,多采取嫁接育苗的方式。西瓜通过嫁接换根后,可提高西瓜抗枯萎病的能力,有效降低甚至避免土传病害的发生,从根本上解决西瓜连作障碍。嫁接换根后,砧木的根系强大,吸收肥水能力较自根苗增强,可以起到促进生长、提高产量的作用。通过嫁接换根提高了西瓜的耐低温性能,这对于西瓜早春保护地栽培极为有利。很多研究表明,西瓜通过嫁接后还可以提高植株的抗逆性。西瓜嫁接砧木要选用高抗西瓜枯萎病及其他土传病害,与接穗的嫁接亲和力强、共生亲和力高的品种,嫁接后植株能正常生长发育,且对果实品质无不良影响。常用的西瓜砧木有葫芦、瓠瓜、南砧 1 号等。

①配制营养土　选用未种过蔬菜的肥沃大田土 4份,草炭 5 份,充分腐熟的有机肥 1 份,每立方米营养土加磷酸二铵 1～1.5 千克,充分混合均匀后过筛。营养土消毒可用 50% 多菌灵可湿性粉剂与 50% 福美双可湿性粉剂按 1∶1 混合,每立方米用药剂 0.05 千克。为保证药、土混合均匀,可先将药剂与少量土混拌,然后再与整个营养土混合拌匀。还可用 50% 多菌灵可湿性粉剂 200～400

倍液喷洒营养土消毒,每平方米苗床用 10 克原药,2～4
千克药液喷洒即可。

②高温烫种　西瓜种皮较厚,播种前可将种子倒入
相当于种子重量 3～4 倍的 70℃～80℃热水中,拿 2 个容
器相互倾倒,防止种子局部温度过高。当水温降至
55℃～60℃时,停止倾倒,用小木棍不断搅动,直至水温
降至室温时,浸种 12 小时。通过高温烫种处理后,可以
杀死种子表面携带的病菌,还有利于种子发芽。砧木种
子也可以采取此种方法进行处理。

③催芽　将处理好的种子用清水投洗,并搓去种子
表面发黏的物质,这种物质有抑制种子发芽的作用。将
种子用湿布包好,放到 28℃～30℃恒温箱中进行催芽。
为促进种子尽快发芽,也可采取变温催芽的方法,即白天
温度控制 28℃～30℃、夜间 15℃左右。当有 70%种子露
白时即可播种。砧木种子也可采取此种方法进行催芽。

④播种　嫁接栽培西瓜的播种期比常规栽培提早
5～7 天。生产中西瓜多采用插接法嫁接,先播砧木种子,
5～7 天后或砧木苗出土时播种西瓜。一般在 3 月下旬至
4 月上旬播种育苗。采用电热温床育苗,若温度不够还可
在温床外加设小拱棚。砧木种子播种在直径 10 厘米的
营养钵内,西瓜种子播种在苗床内或穴盘中。营养钵浇
透水,种子芽朝下播到中央位置,播后覆土并覆盖地膜。

⑤苗期管理　播种至出苗期间,白天温度保持
28℃～30℃、夜间 22℃～25℃。当幼苗拱土时及时撤掉

地膜,并降低苗床温度,白天温度保持 20℃~22℃、夜间 15℃~17℃。在西瓜苗有第一片真叶、砧木苗子叶完全平展时进行嫁接。

⑥嫁接 西瓜多采用插接法嫁接。具体操作步骤如下:嫁接前用 50%多菌灵可湿性粉剂 600 倍液对砧木苗、接穗苗及周围环境进行消毒。用竹签把砧木苗的生长点剔除,然后将竹签斜插,插孔稍偏于一侧,深度以不戳破下胚轴表皮、从外面隐约可见竹签为宜,尽量避免插入胚轴髓腔。取接穗,左手握住接穗的 2 片子叶,右手用刀片在离子叶节 0.3~0.5 厘米处由子叶端向根端削成楔形,削面长 0.5 厘米左右。然后取出竹签,立即把接穗插入砧木孔中,使砧木与接穗切面贴合,保证砧木与接穗子叶呈"十"字形。嫁接后立即用嫁接夹固定,这样可以有效防止嫁接处开裂接穗掉落。

⑦嫁接后的管理 嫁接后及时将苗移入小拱棚内,并盖好薄膜和遮阳网,棚内地面和营养钵内都要浇透水。嫁接后 1~3 天,苗床温度白天保持 28℃~30℃、夜间 20℃左右,小拱棚内空气相对湿度达到 100%;嫁接后 4~6 天,苗床温度白天保持 26℃~28℃、夜间 17℃~18℃,小拱棚内空气相对湿度控制在 90%左右,幼苗可逐渐见弱光;嫁接后 7~10 天,白天温度保持 23℃~24℃、夜间 18℃~20℃,一般幼苗不再遮阴,并逐渐加大通风量。接口愈合后适当降低湿度,并增加昼夜温差,进行壮苗锻炼。砧木去除生长点后仍有侧芽陆续萌发,应及时抹除,

以免消耗苗体养分,影响接穗的正常生长。西瓜的壮苗标准是:苗高 12～15 厘米,茎基粗 1 厘米以上,节间短缩,具 4～5 片真叶,叶片浓绿色,根系发达。

(2)甘蓝育苗　春甘蓝的适宜播种时间在 12 月下旬至翌年 1 月上中旬,多采用日光温室育苗。一般采取干籽直播方式,播种前不需要浸种催芽。先在温室内选择温光条件适宜的地方制作播种苗床,播种前先将苗床浇透水,水渗下后将种子均匀地撒播在床面上,播种后覆盖细土约 1 厘米厚,然后覆盖地膜。出苗前,温度保持在 22℃～25℃,一般播种 5～7 天后即可出苗,发现幼苗拱土时要及时撤掉地膜。出苗后温度降低至 15℃～22℃。幼苗具 3 片真叶时进行分苗,可以采取营养钵分苗或苗床分苗的方法,保证每株幼苗的营养面积为 10 厘米^2。分苗后白天温度保持在 20℃以上、夜间不低于 10℃,以促进缓苗,保证根系生长。缓苗后适当降低温度,白天温度保持 15℃～20℃、夜间 8℃～10℃,并保证光照充足,促进秧苗健壮生长。在幼苗定植前,适当控水降温,进行秧苗锻炼。甘蓝的壮苗标准是:具 6～8 片真叶,茎粗壮,根发达,节间短,叶片厚且颜色深。

3. 整地定植

选择土质疏松、肥沃、能排能灌的壤土,定植前结合整地每 667 米^2 施充分腐熟的有机肥 5 000 千克、硫酸钾 10 千克、过磷酸钙 15 千克。深翻细耙,精细整地,做垄,垄高 10～15 厘米、宽 40 厘米左右。按 90 厘米行距起垄,将甘蓝定植在垄沟里,为提早定植,可先覆盖地膜后再定植,定植株距 30～35 厘米。当露地 10 厘米地温稳定在5℃以上时定植甘蓝,我国北方地区一般在 3 月中下旬至4 月上旬。西瓜 5 月上中旬露地定植在垄台上,定植行距180 厘米。

4. 田间管理

(1)甘蓝　定植缓苗后即可随水追肥,每 667 米² 施尿素 15～20 千克。此后,进入莲座期,植株开始旺盛生长,为使植株健壮且不徒长,要蹲苗 10 天左右。当叶片挂上蜡粉、心叶开始抱合时立即结束蹲苗,开始浇水施肥,促进结球。结球期是甘蓝生长量最大的时期,此期需肥水量大,每次浇水要浇足,并随水重施 1 次化肥,每 667米² 可追施尿素 25～30 千克、硫酸钾 10 千克或草木灰 50千克。叶球紧实后,在收获前 7 天停止浇水,以免叶球生长过旺而开裂。

(2)西　瓜

①肥水管理　定植时浇 1 次透水,一般在坐瓜前不浇水,防止徒长和化瓜,特别干旱时可浇小水,主要进行中耕保墒,促进根系发育。幼瓜鸡蛋大小时表示西瓜已坐住并开始膨大,进行追肥浇水,每 667 米² 随水追施尿素 20 千克、硫酸钾 5 千克。一般 7 天左右浇 1 次水,保证水分均匀供应,严禁浇水忽大忽小。果实膨大期随水追肥 2 次,每次每 667 米² 施磷、钾肥 10 千克。瓜体基本定型后叶面喷施 0.5%尿素＋0.3%磷酸二氢钾＋0.5%白

糖溶液,可明显增加西瓜的甜度,叶面施肥宜在阴天或晴天下午4时后进行。一般采收前7天左右停止浇水,促进果实内含物转化,提高果实品质。

②植株调整 西瓜露地栽培有两种整枝方式,生产中可根据栽培品种不同采取适宜的整枝方式。双蔓整枝是在主蔓5～7节叶腋处选留1条粗壮的子蔓,在主蔓第2～3节处发生的雌花上选留1个瓜,子蔓上也选留1个瓜,以后根据长势疏掉1个瓜,在瓜前留5～6片叶摘心,另1条蔓作为营养枝不摘心,此方法适用于早熟密植栽培。三蔓整枝是在主蔓5～7节叶腋处选留2条粗壮的子蔓,在主蔓及2条子蔓的第二朵雌花上各留1个瓜。以后视长势疏掉2个瓜,在瓜前留5～6片叶摘心,另2条蔓作为营养枝不摘心,此方法适用于中晚熟品种。坐瓜前要及时抹除多余侧枝,除保留坐瓜节位侧枝以外,其他侧枝、侧芽全部打掉。西瓜茎节处易发生不定根,露地栽培西瓜要用土块进行压蔓。可在栽培行间取土压在茎蔓的节间上,一般每隔3～4节压1次。压蔓可以固定植株,保证瓜蔓在田间分布均匀,同时压蔓后产生的不定根也具有一定的吸收作用。

③花果管理 西瓜是异花授粉作物,在开花期若遇阴雨天,要进行人工辅助授粉,以确保坐瓜。授粉要在上午8～9时进行,摘下当天开放的雄花,去掉花瓣,然后轻轻地将花粉涂抹在雌花的柱头上,1朵雄花可为2～4朵雌花授粉。一般以主蔓第二至第三雌花或侧蔓第二雌花

坐瓜,当幼瓜达到拳头大小时进行疏瓜留瓜。选择瓜形端正、坐瓜节位适中、色泽好的幼瓜留下,其余果实全部摘除。在果实定个后,每隔3～5天翻1次瓜,共翻3～5次。翻瓜要在下午太阳偏西时进行,每次翻瓜都要顺着一个方向翻转,翻动的角度不宜过大,用力不要过猛,以免弄伤瓜秧或将果实弄掉。

5. 采收　当甘蓝叶球长至七八成时,即可开始采收,可根据市场行情进行分次分批采收。采收时用刀砍下叶球,保留2片外叶,利于贮运时保护叶球。根据西瓜品种特性,从雌花开放后的天数确定西瓜的成熟度。先切开1～2个瓜品尝,达到采收成熟度时,即可按标记选瓜采收上市。但坐瓜期气温高低不同,开花至成熟的天数也不同,应结合果实的形态特征等方法确定成熟度。一般瓜蒂上茸毛稀疏、脱落,坐瓜节位上的卷须一半以上干枯的为熟瓜。不同品种果实成熟时都会显示该品种固有的特征。例如,瓜面花纹清晰,瓜脐向内凹陷,瓜蒂处略有收缩。或听声音辨别西瓜的成熟度,即以手拍打果实,发出"砰、砰"声的为熟瓜。

五、甘蓝、玉米套种栽培

甘蓝、玉米套种是蔬菜作物与粮食作物的一种立体栽培模式,可有效解决单一种植粮食作物经济效益低的问题。甘蓝、玉米套作栽培比单一种植玉米,每667米²增加收入1 500元左右。

第二章 露地甘蓝高效栽培模式

1. 品种选择 甘蓝可选择耐寒、产量高、生育期短的品种,尽可能缩短共生期。一般选择生育期较短的 8398、中甘 11 号、中甘 21 号等品种。玉米选择丰产性强、中早熟的品种为主,如先玉 335、元华 1 号、龙单 13 等品种。

2. 播种育苗 甘蓝在 1 月中下旬播种育苗。采用日光温室育苗,先在温室内选择温光条件较好的地块,配制营养土,制作播种苗床,有条件的可以在苗床下铺设电热线。为降低苗期病害的发生,每平方米营养土可加 50% 多菌灵可湿性粉剂或 50% 福美双可湿性粉剂 8～10 克拌匀。先将苗床浇透水,水渗下后均匀撒播种子,然后覆盖 0.5～1 厘米厚的细土。播种后覆盖地膜,白天温度保持 20℃～22℃、夜间 15℃～18℃,防止幼苗徒长。当幼苗真叶显露时开始浇水,浇水要选择晴天上午进行,浇水后及时通风,防止因温室内湿度过大导致苗期病害。幼苗具 2～3 片真叶时及时分苗,保证幼苗足够的营养面积。一般当幼苗具 6～7 片真叶、日历苗龄 60 天左右开始定植。在定植前 7 天,要控制浇水,并适当降低温度,以提高幼苗对不良环境条件的适应能力。在育苗后期,日光温室内的温度往往过高且不易控制,生产中,可将幼苗移到阳畦或冷棚里,以利于培育壮苗,为增产增收奠定基础。

3. 整地定植 选择土壤肥沃、排灌条件良好的地块。结合整地每 667 米² 施充分腐熟的有机肥 5 000 千克、三元复合肥 50 千克、过磷酸钙 50 千克。精细整地,做 1 米宽小高畦,畦高 15 厘米。当 10 厘米地温稳定在 8℃以上时即可定植甘蓝,北方地区在 3 月下旬至 4 月上旬。定植时先在栽培畦上开沟,沟距 40 厘米,然后按株距 30 厘米定植甘蓝幼苗。5 月中旬至 6 月上旬,在畦上 2 行甘蓝中间直播 1 行玉米,采用穴播方法,株距 35 厘米,1 穴 2 株。

4. 田间管理 甘蓝定植后,正处于低温季节,为保证植株正常生长,一般不浇水。随着外界气温的升高,甘蓝生长加快,植株进入莲座期要保证肥水的充足供应,一般每隔一水追施 1 次速效氮肥,每次每 667 米^2 追施尿素 15～20 千克。甘蓝莲座期是播种玉米的最佳时期,玉米播种过早会对甘蓝生长造成影响,使甘蓝生长缓慢;玉米播种过迟,则甘蓝对玉米生长造成影响,使玉米茎秆过细,影响玉米产量。甘蓝莲座后期要控制浇水,保证植株正常进入结球期。甘蓝结球期,为保证叶球紧实,一般施肥 1～2 次。结球后期尽量避免浇水,防止叶球开裂,降低产品器官品质。玉米生长前期主要是进行中耕除草,促进根系发育。植株营养生长期可每 667 米^2 施速效氮肥 50 千克,施肥结合浇水进行。玉米扬花期、灌浆期防止干旱,灵活浇水,促进籽粒饱满。

5. 采收 5 月份开始采收甘蓝,最好进行一次性采收,收获时注意不要损伤玉米苗。甘蓝采收后及时清除残膜、老叶,加强肥水管理,定期中耕松土,促进玉米植株生长,约在 8 月上旬收获玉米。

第三章　设施甘蓝高效栽培模式

第一节　大棚春甘蓝栽培

我国北方地区春季气温较低,采用大棚覆盖栽培春甘蓝,可以保证产品器官提早上市。

一、品种选择

利用大棚栽培春甘蓝,由于大棚没有外覆盖,春季棚内温度受外界天气变化影响较大,如果栽培品种选择不当,极易出现未熟抽薹现象。生产中应选用抗寒性强,结球紧实,品质好,不易抽薹,适于密植的品种,如中甘 11号、中甘 12 号、中甘 21 号、鲁甘 1 号、8398 等。

1. 中甘 12 号　中国农业科学院蔬菜花卉研究所育成的极早熟春甘蓝一代杂种。植株开展度 40～45 厘米,外叶 13～16 片,叶片深绿色、蜡粉中等。叶球紧实、近圆形,叶质脆嫩,风味品质优良。冬性较强,不易未熟抽薹。从定植到商品成熟 45 天,单球重 0.7 千克左右,每 667 米^2 产量 3 000～3 500 千克。该品种适合我国华北、东北、西北广大地区春季露地或大棚春提早栽培。

2. 中甘 21 号　中国农业科学院蔬菜花卉研究所利用甘蓝显性雄性不育技术,选育而成的高纯度、优质、早熟春甘蓝品种。叶质脆嫩、口感好,中心柱短,紧实度好,每 667 米² 产量 5 000 千克左右。品种抗逆性强,耐裂球,不易未熟抽薹。适于我国华北、东北、西北及云南地区作露地早熟春甘蓝种植,长江中下游及华南部分地区也可在秋季播种,冬季收获上市。

3. 鲁甘 1 号　山东省青岛市农业科学研究所育成。外叶 12 片左右、淡绿色、蜡粉较少,叶球圆形,球高约 12 厘米,球径 12.5～15.2 厘米,结球坚实,品质好,单球重 0.5～0.8 千克。定植后 50 天收获,每 667 米² 定植 5 000～6 000 株、产量 3 000 千克左右。

二、播种育苗

一般在 12 月中下旬至翌年 1 月上旬利用阳畦或日光温室育苗。甘蓝属于绿体春化型蔬菜,如果播种过早,幼苗生长过大,易感受低温完成春化阶段而引起未熟抽薹。所以,应根据当地实际情况确定适宜的播种期。

甘蓝一般采取苗床育苗。先配制营养土,制作播种苗床,并用多菌灵进行杀菌消毒后播种。选择饱满的种子,温水浸种 2 小时后直接播种或催芽后播种均可,催芽温度 22℃～25℃,当 70% 种子露白时即可播种。选择晴天上午,先将苗床浇足底水,水渗下后将种子均匀地撒播在畦面上,播种后覆土 1 厘米厚,并覆盖地膜。每平方米播种量 4 克,每 667 米² 种植田需播种床 5 米²。播种后出苗前设施内不进行通风,白天温度保持 25℃～28℃、夜间

15℃。出苗后及时撤掉地膜,适当通风降低温度,白天温度保持 22℃～25℃、夜间 12℃～15℃。在幼苗真叶显露前一般不进行浇水,通过控制夜温和控制浇水的方式防止幼苗徒长。在幼苗 2 片真叶时进行分苗,最好采取暗水分苗,即在整平的分苗畦内南北向开浅沟,将幼苗按 8～10 厘米的株距码放好,沟内浇水,水渗下后将苗扶正并用土填平;也可开沟后先浇水,再栽苗。为促进缓苗,分苗后白天温度保持 20℃～25℃、夜间 12℃～15℃。缓苗后,适当降低温度,如果此期幼苗发生徒长,可结合轻中耕松土和适当加大通风量的方法进行控制。当幼苗具 5 片真叶后,温室内温度不能长时间低于 10℃。定植前 7 天,可加强通风降低温度,并控制浇水,进行秧苗锻炼,以提高幼苗对不良环境条件的抵抗能力。

三、整地定植

选择疏松肥沃、能排能灌的微酸性或中性土壤进行栽培。定植前结合整地每 667 米² 普施充分腐熟的有机肥 5 000 千克,深耕细耙,将土肥混合均匀。定植前 15 天扣棚以提高地温,棚膜一定要选择透光、保温性能好,强度大的耐老化优质薄膜。大棚内做宽 1～1.5 米的平畦或按行距 50 厘米起垄。当 10 厘米地温稳定在 8℃以上时即可定植,若要提早定植,可在栽培畦上覆盖地膜或加盖小拱棚。选择晴天上午定植,移苗时要带大土块,尽量少伤根系。按照行距刨埯、摆苗、稳坨、浇水,水渗下后覆土。浇水前每 667 米² 株间点施三元复合肥 30 千克、过磷酸钙 15 千克。此季节栽培甘蓝,由于气温较低,不适合开沟栽培,浇水量也不宜过大,防止地温过低,不利于缓苗。畦栽采取双行定植,株行距 35～40 厘米×50 厘米;垄栽单行定植,株距 35～40 厘米。

四、田间管理

1. 温度管理 甘蓝喜温和的气候条件,植株比较耐寒。甘蓝外叶生长适宜温度 20℃～25℃;叶球生长适宜温度 17℃～20℃。结球期温度过高容易出现叶球小、包球不紧的现象,结球期温度应控制在 25℃以下。甘蓝是绿体春化型蔬菜,植株由营养生长转为生殖生长时对环境条件要求严格,当幼苗茎粗达到 0.6～0.8 厘米及以上时,感受一定时间 10℃以下的低温就可完成春化阶段。低温季节栽培甘蓝要防止植株通过春化阶段而进行生殖生长,导致出现大面积未熟抽薹现象。

甘蓝缓苗期所需温度较高,定植后要注意防寒保温,有条件的可在棚四周围盖 1 米高的草苫,使棚内气温增高。定植前期温度管理不当,极易造成春甘蓝提前通过低温春化。在生产中应注意棚膜四周压紧封实,并增加透光,以提高地温,促进快速缓苗。定植后一般不通风,白天温度保持 25℃～27℃、夜间 15℃左右。缓苗后注意适当蹲苗,前期不要使幼苗生长过旺,白天温度保持 15℃～20℃、夜间 12℃左右。随着外界温度升高,棚内温度迅速升高,大棚内气温超过 20℃时开始通风,温度不超过 25℃。通风换气先从棚的东边开通风口,最好在中午进行,注意低温季节不要放底风。以后随着外界气温的升高,逐渐加大通风量,并延长通风时间。当棚内夜间最低温度稳定在 10℃以上时,可昼夜通风,保证甘蓝正常结球。

2. 肥水管理　甘蓝定植时浇透定植水,生长前期为避免降低地温,一般不浇水。缓苗后,选晴天的上午浇 1次缓苗水,结合浇水每 667 米^2 施速效氮肥 15 千克。当外界气温回升,甘蓝的蒸腾量也加大,要保持畦面湿润,干旱时适当浇水。植株进入莲座期,加强肥水供应,一般施肥 1～2 次,每次每 667 米^2 施速效氮肥 20～25 千克。莲座后期适当控水蹲苗,当球叶开始抱合时结束蹲苗。进入结球期,植株对养分的需要量急速增加,应根据基肥施用量及植株生长情况,施肥 1～2 次,一般每次每 667米^2 施硫酸铵 10 千克、硫酸钾 10 千克。结球后期为增加产量可以用 0.2％磷酸二氢钾溶液进行叶面喷施。在收获前 7 天停止浇水,降低产品器官中的水分,便于贮藏和运输。

五、采　收

为争取早上市,当叶球最外叶片表面呈亮绿色,叶球已达七八成充实时即可陆续上市供应。开始时可 3～4天采收 1 次,以后隔 1～2 天采收 1 次。

第二节　大棚秋甘蓝栽培

大棚秋甘蓝高产、稳产,且耐贮藏,对调节淡季蔬菜供应,增加市场蔬菜品种具有重要的作用。本茬次甘蓝多在夏季播种,秋末冬初收获,结球期为秋季冷凉的气候条件,适宜甘蓝产品器官形成。

一、品种选择

大棚秋甘蓝生长前期正是高温季节,宜选择适应性广、耐热、耐寒,叶球紧实,产品耐贮藏的品种,如中甘 16 号、中甘 17 号、夏光、世农 200 等。

1. 中甘 16　中国农业科学院蔬菜花卉研究所育成的早熟秋甘蓝品种。植株开展度约 53 厘米,叶球紧实、近圆球形,单球重 1.5～2 千克,每 667 米^2 产量 4 000 千克左右。从定植至收获约 65 天,适于华北、东北、西北、及西南部分地区栽培。

2. 世农 200　极早熟春秋种植甘蓝品种,叶片深绿色、蜡粉中等,定植后 45～50 天可收获。叶球圆形,单球重 1.2～1.4 千克,结球坚实,不易裂球,品质优。植株抗病性强,耐运输。

二、播种育苗

7 月下旬至 8 月中旬播种育苗。选择地势平坦、开沟排灌方便的肥沃地块制作苗床,采用高畦遮阴育苗,以利防晒、防雨、降温。利用大棚生产甘蓝,在植株进入结球后期,外界温度较低,而大棚又不方便采取有效的增温措施,气温不正常年份有可能出现一些生产问题。因此,大棚秋甘蓝的播种期应根据品种的生长期而定,宁可适当提前,不可延后。

播种前,每平方米苗床施充分腐熟的有机肥 8～10 千克,普施后深翻,然后整平做宽 1～1.5 米的小高畦。此栽培茬口多采用干籽直播,播种前先浇透苗床,然后将种子均匀地撒播到苗床上。为预防苗期病虫害,可用 50%多菌灵可湿性粉剂 50 克和 80%敌百虫可湿性粉剂 40 克拌入 100 千克过筛细土中,拌匀成药土,在浇水后播种前,先撒 0.5 厘米厚的药土,撒播种子后再覆盖 1 厘米厚的药土。高温季节育苗适宜稀播,每 667 米^2 栽培田用种子 20～25 克,需苗床面积 15～20 米^2。育苗期正处于炎热多雨季节,播种后立即在苗床上加盖遮阴设施,并在苗畦周围挖排水沟,防止雨水灌入苗床。

幼苗出土后每天浇 1 次水,保证苗床湿润,一般不进行施肥。幼苗具 2～3 片真叶时及时分苗,选择阴天或傍晚时分苗,可以将幼苗分到苗床里或营养钵内,保证每株幼苗的营养面积为 10 厘米^2。分苗后遮阴 2～3 天,随着幼苗的生长,应逐步减少遮阴时间,至定植前完全不遮阴,以提高幼苗的抗性。播种后 30～35 天、幼苗具 5～6 片真叶时即可定植。

三、整地定植

甘蓝主根不发达,生产中应选择保水保肥能力较强、排灌方便的肥沃壤土或沙壤土栽培。定植前每 667 米^2 施充分腐熟的有机肥 3 000～4 000 千克、过磷酸钙 30～40 千克、草木灰 150 千克,深翻细耙,使肥料分布均匀。定植前做小高畦,畦高约 15 厘米,畦宽 1～1.2 米,每畦种 2 行,株距 45～50 厘米。

大棚秋甘蓝定植期正处于温度高、土壤湿度小、蒸发量大的季节,应选择阴天或晴天下午定植,以保证幼苗成活。定植前先按行距开定植沟,然后将幼苗摆入定植沟内,并用细土掩盖根系进行稳坨,每 667 米^2 株间点施三元复合肥 25 千克。然后浇定植水,定植水要浇足、浇透,水渗下后封土。甘蓝茎短缩,覆土不能太高,至幼苗最下部叶片下方为宜,避免覆土高于幼苗生长点。缓苗水要早浇,并及时补苗,以保全苗。

四、田间管理

1. 肥水管理　定植缓苗后及时浇缓苗水,浇水后中耕松土,为根系生长创造良好的条件。生长前期要保持土壤湿润,以促进植株营养生长,一般每隔 5～7 天浇水 1 次。莲座期浇水的原则是既要保持一定的土壤湿度,又要适当地控制水分,使生长速度不要过快,从而使内短缩茎的节间变短,结球紧实。莲座末期要控制浇水,当植株正常进入结球期时,增加浇水量,保证充足的水分供应。

从定植缓苗到植株封垄需要中耕 3～4 次,每次中耕结合进行根部培土,可有效防止植株倒伏。扣棚后外界温度降低,应适当减少浇水次数,防止棚内湿度过高,而导致植株发生病害。

　　缓苗后及时追提苗肥,每 667 米² 施尿素 10～15 千克,促进幼苗迅速生长。莲座期和结球期需养分较多,应注意肥水的充足供应。莲座叶形成时,第二次追肥,每 667 米² 追施尿素 15 千克。进入结球期后,可根据植株生长状况追肥 2 次,每次每 667 米² 追施三元复合肥 30 千克。为提高甘蓝品质和产量,可用 0.2％磷酸二氢钾溶液进行叶面喷施。结球后期停止追肥。

　　2. 温度管理　甘蓝定植初期,外界温度能够满足甘蓝生长的需要,可以不覆盖棚膜。当外界最低温度降至 8℃ 以下时覆盖棚膜,为保证甘蓝生长后期对温度的需求,一定要选择透光保温效果好的优质棚膜。植株营养生长期适宜温度为 20℃～25℃,结球期适宜温度为 15℃～25℃,要严格控制大棚内的温度条件,以满足甘蓝不同生长阶段对于温度的要求。尤其在莲座后期,应保证大棚内温度稳定在 15℃～25℃,高于 25℃ 时应适当通风,以免茎叶徒长导致植株不结球。

五、采　收

　　当叶球达到紧实时,即可分期采收,分批上市。采收时应保留 2 片外叶,以保护叶球。甘蓝进入采收期,若市场价格不高,而大棚内的环境条件还可以满足甘蓝对生长最低温度的要求,可适当延迟采收上市。为防止甘蓝采收过晚出现叶球开裂,严重影响产品品质,采收时可铲断植株根系,采后经过处理可延长供应期。

第三节 日光温室早春茬甘蓝栽培

在我国北方地区,保温性能较好的日光温室冬季不加温也可进行喜温性果菜类蔬菜的生产。但有些地区冬季气温较低,日光温室如若不加温则不能进行果菜类蔬菜的生产。利用温室的这段低温期生产喜冷凉的甘蓝,不仅可以提高温室的土地利用率,还能取得较好的经济效益。日光温室早春茬甘蓝于 11 月上中旬利用温室育苗,12 月底至翌年 1 月份定植,3 月下旬至 4 月上中旬采收上市。

一、品种选择

此栽培模式,甘蓝的整个生长期都处于低温季节,应选用抗寒性强的品种;育苗期和定植初期气温较低,为避免甘蓝通过春化作用,应选择冬性较强的品种;利用温室生产甘蓝,为保证产品提早上市,获得更高的经济效益,应选择早熟品种。目前生产中应用较多的品种有中甘 11 号、中甘 12 号、8398、迎春等。

二、播种育苗

11 月上中旬在温室内育苗,苗床宽 1.2 米。播种前尤浇足底水,待水渗下后选晴天播种,播种后覆盖 1 厘米厚的过筛细土,并覆盖地膜。育苗期正处于低温季节,为培育壮苗,可在苗床底部铺设电热温床,若温度还达不到育苗适宜温度的要求,可以在苗床上部加扣小拱棚。

出苗前苗床温度白天保持 20℃～25℃、夜间 15℃,当种子拱土时要及时撤掉地膜,降低温度,白天温度保持 18℃～20℃、夜间 12℃。在幼苗真叶显露前不浇水,避免幼苗徒长。当幼苗真叶显露后开始浇水,浇水要选择晴天上午进行,浇水后及时通风,防止湿度过大。幼苗 2 片真叶时开始分苗,采用苗床分苗,幼苗株行距 10 厘米×10 厘米。分苗前 1 天将苗床浇透水,可以减少起苗时伤根,起苗后将幼苗按 10 厘米见方移栽到分苗床上或直径 10 厘米的营养钵中。

为促进缓苗,在缓苗期一般不通风,以高气温提高地温,促进根系发育,尽量缩短缓苗期。缓苗期白天温度保持 25℃～28℃、夜间 15℃。缓苗后,适当降低温度,白天温度保持 15℃～20℃、夜间 10℃～12℃,温度不能长时间低于 8℃。若幼苗出现缺肥症状,可叶面喷施 1 次 0.2％磷酸二氢钾溶液。定植前 1 周通过降低温度和控制浇水的方法进行秧苗锻炼,提高植株抗逆性。甘蓝壮苗标准为:幼苗具 6～8 片真叶,叶丛紧凑,叶片浓绿色,茎粗壮,根系发达。

三、整地定植

定植前每 667 米² 施充分腐熟的有机肥 5 000 千克,

普施地面,然后深翻细耙,将肥料充分混合均匀,做小高畦,畦宽1～1.2米,作业道宽30厘米。每畦中间开施肥沟,每667米² 施三元复合肥30千克、钙肥10千克。12月底至翌年1月份定植,每畦定植2行,行距50～60厘米,株距30～35厘米。

四、田间管理

1. 温度管理 从定植到缓苗阶段,以保温为主,促进缓苗,白天温度保持25℃～28℃、夜间15℃～18℃。缓苗后逐渐降温,白天温度保持20℃～22℃、夜间10℃左右,尤其要注意夜间温度不能长时间低于8℃,否则易使幼苗通过春化阶段,发生未熟抽薹,影响产量。结球期温度保持在15℃～18℃,温度过高不利于叶球紧实。

2. 肥水管理 定植时外界气温低,定植水应少浇,避免大水漫灌。缓苗后及时浇缓苗水,并每667米² 随水追施速效氮肥10千克,既可促进植株快速生长,还可增强幼苗的抗逆性。浇水后及时中耕,促进根系生长。莲座期结合浇水每667米² 追施硫酸铵15～20千克,或腐熟人粪1 500～2 000千克。莲座后期不浇水、不追肥,以防外叶过大造成营养生长过旺,影响产量形成。心叶开始抱合时标志植株已经进入结球期,结球期是甘蓝生长最快、生长量最大的时期,也是需要肥水量最大的时期,在生产中一定要保证肥水的充足供应。结球期应追肥2～3次,每次每667米² 追施尿素15千克。浇水以保持地面湿润为准,但收获前期不要肥水量过大,以免裂球。

五、采　收

甘蓝叶球七八成熟时即可采收,生产中可根据市场需求或温室的利用情况进行分次采收或一次性采收。

第四节　日光温室冬春茬甘蓝栽培

在冬季低温季节,利用日光温室生产冬春茬甘蓝,可确保甘蓝周年供应。

一、品种选择

日光温室冬春茬甘蓝栽培应选择耐寒性强、抗病性强、早熟高产的品种,生产中应用较多的品种有春甘 2 号、春甘 3 号、中甘 21 号等。

1. 春甘 2 号　该品种早熟,从定植至收获 50 天左右。株型半开展,外叶约 13 片、绿色,叶面蜡粉中等。叶球紧实、圆球形,单球重 1 千克左右,质地脆嫩,不易裂球。品种冬性较强,耐先期抽薹。每 667 米^2 产量 3 900 千克左右。适宜我国北方地区春季栽培,长江流域及其以南地区作露地越冬春甘蓝栽培。

2. 春甘 3 号　该品种早熟,定植后 50～55 天收获。外叶 14 片、鲜绿色,叶球紧实、圆球形,叶质嫩脆,品质优良。单球重约 1.2 千克,每 667 米^2 产量 4 000 千克左右。品种冬性强,耐先期抽薹,适于北方地区春季种植。

二、播种育苗

1. 常规育苗　日光温室冬春茬于 11～12 月份播种育苗。育苗床选择土壤疏松、富含有机质、通风透光好、地势较高、未种植过十字花科蔬菜的地块。做 1～1.2 米宽畦,浇底水,待水渗下后,畦面均匀撒一层 0.5 厘米厚的过筛细土,然后将干种子均匀撒播在床面上,播种后覆盖过筛细土厚 0.5 厘米。播种后苗床温度保持 20℃～25℃,空气相对湿度保持 80％以上。苗出齐后,白天温度保持 18℃～22℃、夜间 10℃～12℃,最低不得低于 5℃。出苗后及时撤掉地膜,进行正常的栽培管理。当幼苗具 2 片真叶时分苗,苗距 10 厘米左右。分苗后应适当提高苗床温度,白天温度保持 20℃～25℃、夜间不低于 15℃。幼苗缓苗后适当降低温度,浇水见干见湿,以防幼苗徒长。当幼苗具 5～6 片真叶时即可定植。定植前 1 周要进行炼苗,提高幼苗的抗逆性。

2. 穴盘育苗　穴盘育苗基质可选用草炭与蛭石按 2∶1 配制,或者采用育苗专用基质。甘蓝育苗一般选用 72 孔或 128 孔穴盘。将基质装入穴盘,使每个孔穴中都平整填满基质,然后将装满基质的穴盘摞起,轻轻用力向下挤压,使穴中基质向下凹 0.5～0.8 厘米。浇水以基质下部有水渗出为宜。每穴播 1 粒种子,播种后覆 1 厘米厚的蛭石。播种后苗床温度控制 20℃～25℃,空气相对湿度 80％以上。苗出齐后,白天温度保持在 20℃～25℃、夜间 10℃～15℃,最低不得低于 5℃,并及时补苗间苗,保证每穴 1 株幼苗。穴盘育苗不适宜进行控水蹲苗,要保证幼苗的水分供应。72 孔穴盘育苗幼苗具 5～6 片真叶时定植,128 孔穴盘育苗幼苗具 3～4 片真叶时定植。

三、整地定植

定植前精细整地,结合整地每 667 米² 施充分腐熟有机肥 3 500～4 000 千克、三元复合肥 30 千克、钙肥 15 千克。深翻土地,灌足底水,做高畦,畦宽 1 米,畦高 15～25 厘米,定植前覆盖地膜。冬春茬甘蓝于 1～2 月份定植,起苗前 3～5 天将苗床浇透水,以防止起苗时伤根,不利于缓苗。选择晴天上午定植,每畦定植 2 行,行距 50 厘米,株距 35～40 厘米。为提高地温,促进缓苗,可采取暗水定植法。定植时先用打孔器按株距在覆盖地膜的栽培畦上打孔,将苗摆到定植孔内,注意尽量不散坨、不伤根。在根部培适量土稳苗,然后浇水,水渗下后覆土。覆土高度不能掩盖住幼苗的生长点,定植后用土将定植孔周围的地膜封严。

四、田间管理

1. 温度管理　定植后缓苗前应以增温保温为主。前期基本不通风,白天温度控制在 20℃～25℃、夜间最低 10℃以上,以利于新根的发生,促进缓苗。缓苗后白天温度控制在 18℃～25℃,当温度超过 25℃时及时通风降温,为了防止未熟抽薹,夜间温度应保持在 8℃以上。莲座期

甘蓝高效栽培新模式

温度白天控制在 15℃～25℃、夜间 10℃～15℃。结球期白天温度保持 15℃～20℃、夜间 10℃左右。

2. 肥水管理　缓苗后选晴天上午浇 1 次缓苗水。莲座期要保证充足的水分供应,使莲座叶达到最大的营养面积,为叶球生长奠定良好的基础。莲座前期追肥以氮肥为主,一般每 667 米² 随水追施速效氮肥 15 千克。莲座后期控制浇水施肥,当心叶开始抱合时,标志植株进入结球期,要加强肥水管理,一般追肥 2～3 次,每次每 667 米² 随水追施硫酸铵 15 千克。

3. 光照管理　甘蓝幼苗期和莲座期要求光照充足;结球期,较短日照时数和较弱光照强度,有利于叶球形成并具有较高的商品品质。应保证温室内适宜的光照条件,白天揭苫,傍晚盖苫,尽量增加光照时间,促进植株光合作用。还可以在后墙张挂反光幕以增加散射光。定期清理棚膜,增加温室的透光率。甘蓝生长期外界温度较低,通风时要采取从小到大、由少到多的原则,随时监测温室内的温度变化。浇水后要及时通风,降低温室内湿度,可有效降低由于低温高湿导致病害发生。

五、采　收

当叶球最外叶表面呈亮绿色,叶球内已达七八成紧实时即可采收。采收应根据下茬生产需要进行分批采收或一次性采收。

第五节　设施甘蓝间作套种栽培

一、日光温室葡萄、甘蓝间作栽培

利用日光温室进行葡萄生产,葡萄果实可提早至 5 月上旬收获,满足了人们对鲜食水果的需求。利用葡萄行间种植甘蓝,可以有效利用土地面积,提高温室利用率,增加经济效益。

1. 品种选择　日光温室葡萄、甘蓝间作栽培,葡萄应选择抗病性强,丰产性好,不脱粒,耐贮运的京秀、京玉、紫珍香、超级无核、里扎马特等早熟品种。甘蓝应选择早熟、耐寒性强的品种,如中甘系列品种。

2. 播种育苗

(1)甘蓝　甘蓝在 11～12 月份播种育苗,2～3 片真叶时分苗,分苗后保证每株幼苗营养面积为 10 厘米²。甘蓝壮苗标准为植株矮壮,具 6～8 片真叶,叶深绿色,叶片表面有蜡粉,叶丛紧凑,节间短,根系发达。幼苗日历苗龄 60 天左右。

(2)葡萄　第一年种植时选择无病虫害、节间短、芽眼饱满、充分成熟的 1 年生枝作插条,2～3 月份在温室或大棚内扦插育苗,当苗高 20 厘米时即可炼苗移栽。

3. 整地定植

(1)甘蓝　甘蓝在温室升温期定植,一般在翌年 1～2 月份选择晴天上午定植。在每 2 行葡萄的中间栽植 2 行甘蓝,甘蓝行距40～45厘米,株距35～40厘米。

(2)葡萄　定植前按株行距沿日光温室南北向挖定植沟。葡萄行距1.2～1.5米,定植沟宽50～60厘米、沟深50～60厘米,每667米² 施充分腐熟的有机肥5 000千克、三元复合肥30～50千克,将肥料混合均匀,填入定植沟内,然后灌水沉实。地温升至15℃,北方地区一般在4～5月份定植。在定植沟上按50～60厘米株距挖定植穴,穴大小依苗木的根系状况而定,以根系能够展开为度。然后将葡萄苗垂直立于穴中,根系向四周伸展,随即覆土踩实,浇透水使根系与土壤密实,待水渗透后,再培土至顶芽露出地表,最后覆盖地膜。

4. 田间管理

(1)甘蓝　甘蓝定植后即进入缓苗期,此期一般不浇水施肥,需要保证温室内较高的温度条件,促进根系生长,尽快缓苗。甘蓝缓苗后,适当降低温度,白天温度保持18℃～22℃、夜间15℃。植株进入莲座期,一定要保证充足的水分供应,每667米² 随水施尿素15～20千克。温室管理上注意草苫早揭晚盖,保证充足的光照时间。莲座后期控制浇水,进入结球期,要保证充足的肥水供应,根据植株的生长状态,一般追肥2～3次,每次每667米² 施硫酸铵20千克,结球后期可叶面喷施0.2%磷酸二氢钾溶液,以利于叶球紧实。

(2)葡萄　采用单主干水平篱架,树体结构为:单干高40厘米,顺行向水平着生2个结果母枝,每个结果母枝留 4～5 个结果枝,全树着生 8～10 个结果枝。

①定植后第一年管理 葡萄定植后可根据土壤情况进行浇水。定植后第一年一般追施肥料 3 次,6 月下旬至 7 月上旬,每株追施尿素 25 克左右;7 月下旬每株追施尿素 50 克左右;8 月份每株追施过磷酸钙 80 克、硫酸钾 20 克,每次追肥后要立即浇水。进入秋季要及早进行秋施基肥,一般在 9 月份进行,每 667 米² 施充分腐熟有机肥 4 000～5 000 千克、硫酸钾 50 千克、磷酸二铵 50 千克。

葡萄定植发芽后,选留 1～2 个新梢,其余全部抹掉。待新梢长至 15 厘米时,每株选用 1 个强壮枝作为主干,多余的抹掉。新梢长 30～40 厘米时开始搭架引蔓,新梢长至 40～50 厘米时摘心,主梢重摘心可促进主干健壮,顶部副梢长至 6～7 片叶时摘心。将选留的 2 个副梢水平固定在铁丝上,主梢、副梢上叶腋间的夏芽要全部抹掉。秋季落叶后及时进行修剪,生长衰弱的枝蔓,在近地表处进行 3～5 芽的短枝修剪;生长健壮的枝蔓,可剪留至壮芽,一般 40 厘米左右;个别强旺枝蔓进行长枝修剪。

葡萄自然休眠需经一定数量的低温才能被打破,一般在 11 月份日光温室覆膜盖草苫,早熟品种可提前至 10 月底。白天扣棚,并用草苫盖紧遮阴,关闭通风口,晚上揭苫并打开通风口,造成低温、黑暗条件,以促进休眠。2 周后叶片全部脱落时进行冬剪,冬剪后草苫早盖晚揭,继续降温催眠,可浇 1 次防冻水,落叶后的葡萄最少应有 50 天以上的时间处于 7.2℃以下的低温条件方可通过自然休眠,一般在翌年1月末至2月初解除休眠。

②定植后第二年管理

第一,温湿度管理。萌芽前温度控制在5℃～6℃及以上,催芽适宜温度为20℃左右,最高温度28℃左右,超过30℃时,必须及时通风降温。生长初期不要升温太快,并注意提高夜间温度,棚内空气相对湿度保持80%～90%。萌芽后至开花期,夜间最低温度应控制在10℃～15℃,白天最高温度不能超过28℃,空气相对湿度保持80%以上。新梢生长发育初期白天温度保持20℃～25℃、夜间10℃～15℃,最低不能低于10℃,空气相对湿度保持60%左右。开花期白天温度保持20℃左右,夜间注意保温,使棚内温度保持在14℃以上,空气相对湿度保持50%左右,有利于授粉受精,提高坐果率。果实膨大期白天温度保持20℃～25℃、夜间15℃～20℃,空气相对湿度保持60%左右。果实着色期温度白天保持28℃～30℃、夜间16℃～18℃,空气相对湿度保持50%左右。此期应加大昼夜温差,注意通风降温,昼夜温差可控制在15℃左右,有利于果实着色和糖分积累。

第二,肥水管理。温室开始升温时浇1次水,芽萌动时浇1次水,开花前浇1次小水。到95%的花凋谢后,浇1次水,花凋谢后20天左右浇1次水,浆果变软前浇1次水。萌发前每667米² 追施尿素20～30千克,坐果后每667米² 追施磷酸二铵和尿素各15～20千克、硫酸钾25千克。追肥后浇水,开花期严禁施肥浇水。幼果长到黄豆粒大时,追肥以氮、磷肥为主,每 667 米^2 可追施磷酸二铵 15 千克;幼果膨大到着色前,每隔 10～20 天叶面喷施 1 次 0.3％磷酸二氢钾溶液。浆果膨大期每周浇 1 次小水。着色期要控制浇水,特别干旱时可浇小水,以免水分过大影响糖分积累,并导致病害发生。

第三,光照管理。葡萄为喜光植物,为保证植株正常生长,提高产品品质,应把增加光照作为整个生长期的栽培重点。在保证温室内适宜温度的基础上,适当提早揭苫,晚盖苫,以增加光照时间。阴天也要揭苫,充分利用散射光;定时清理棚膜,增加棚膜的透光率。还可以在温室后墙张挂反光屏幕,或采取地面铺设反光膜的方式达到增强光照的目的。

第四,植株管理。在自然休眠结束前 15～20 天,用 5 倍的石灰氮澄清液涂抹结果母枝或芽,刺激冬芽萌发,并开始揭苫升温催芽。葡萄采用双干整枝,植株下部 40 厘米内不留副梢。在葡萄植株附近垂直方向拉铁丝 4～5 道,每道间距 40～50 厘米。当芽萌发到花生仁大小时,保留大主芽,将主干上其余萌动芽抹掉。当新梢长至 3～5 片叶时,摘除生长瘦弱的无花序新梢,每个结果枝留 1～2 个花序。温室葡萄发芽不整齐,大部分顶芽先萌发,长至 20 厘米时下部芽才开始发芽。为促使晚萌动新梢的生长,当先萌发的芽新梢长至 20 厘米时扭伤新梢基部,控制其生长势。当结果枝长至 30～40 厘米时,将新梢捆在第二道铁丝上,当年新梢长至第 3～5 道铁丝时,及时引缚固定,使所有的新梢在架面上均匀分布,果枝间距要调整均匀,保证每个叶片均能接受到阳光。葡萄进入花期,开花前3～5天,结果枝花序上留4～5片叶摘心。在开花前1周左右至花期即将结束时,根据花序多少和大小进行疏穗,1个结果枝留1穗果,并将所留花序整成圆锥形。落花后15～20天疏除小粒、密粒,保证果穗整齐。整个生长期对新梢上发出的卷须,必须及时摘除。

为保证温室内葡萄坐果,可在开花前15天叶面喷施0.3%硼砂溶液,以促进花粉管伸长和花粉萌发,有利于授粉受精,提高坐果率。当葡萄萌发出花蕾或在开花初期,叶面喷施0.01%赤霉素溶液1～2次,谢花期用0.003%赤霉素溶液浸湿或喷湿果穗1～2次,可使果实提早成熟5～7天,而且果实大小一致、着色均匀、品质好。

5. 采收 葡萄采收应选晴天的早晨或傍晚进行,选择产品器官表现出该品种特有的色泽和风味的采收,一般从着色好的果穗开始采收,采收后用纸包好装箱销售。甘蓝叶球外叶呈亮绿色、七八成充实时即可采收。因与葡萄间作栽培,一般采取分批采收的方式。采收后要及时清洁田园,将残株碎叶带出温室,可有效降低病虫害的发生。

二、日光温室冬春茬辣椒、甘蓝间作栽培

日光温室冬春茬辣椒和甘蓝间作栽培,因辣椒前期

生长慢,而甘蓝生长快且生育期短,相互之间生长不受影响。甘蓝一般在春节前后的蔬菜淡季采收上市,甘蓝收获后,辣椒开始进入结果期,在不影响辣椒生长发育的前提下,增收一茬甘蓝,提高了土地利用率和经济效益。

1. 品种选择　根据市场消费习惯和品种特性选择适宜品种。甜椒类型可以选用荷兰 19、美国大甜椒、甜杂 1 号等品种;微辣类型选择湘研 4 号、湘研 7 号、华椒 17 号、荷兰的 37-74、37-82 等品种。甘蓝应选用早熟丰产、冬性强、结球紧实的品种,如 8398、中甘 11 号、中甘 15 号等。

2. 茬口安排　冬春茬辣椒于 9 月中下旬播种育苗,11 月下旬定植于日光温室,翌年 2 月份辣椒陆续采收上市。甘蓝 9 月下旬播种育苗,11 月中下旬定植,翌年 1 月份采收上市。

3. 播种育苗　采用日光温室育苗,辣椒每 667 米^2 用种量 150 克,甘蓝每 667 米^2 用种量 50 克。

辣椒播种前需要进行温汤浸种和催芽处理。用 55℃～60℃ 温水浸种 15 分钟,期间用木棒不断搅动,防止种子局部温度过高,并随时用温度计监测温度,如果温度降低要加热水,保持水温恒定,再用室温水浸种处理 8～12 小时。辣椒种子催芽的适宜温度为 28℃～30℃,把浸种后的种子用湿纱布包好,外面裹上湿毛巾,放入恒温箱内催芽。催芽期间每天需要冲洗种子 2～3 次,并经常翻动种子,7 天后种子即可发芽。也可进行变温催芽,每天 8～10 小时温度保持 30℃～35℃,14～16 小时温度保持 20℃～25℃,通过变温处理可促进种子萌发,提高幼苗抗逆性。在温室内选择温光条件最适宜的地方制作苗床,将催过芽的种子均匀地撒播在苗床上,覆盖 1.5 厘米厚的细土,然后覆盖地膜,种子出土后及时撤膜。

甘蓝种子一般采取干籽直播的方式,将种子直接播种在育苗床上。为避免甘蓝苗期病害发生,播种前最好对苗床进行消毒,可利用多菌灵等药剂消毒。一般要保证每平方厘米苗床有 1 粒种子。播种后在种子上覆盖 1 厘米厚的床土,然后覆盖地膜。当大部分种子开始拱土时及时撤掉地膜,种子直播的幼苗出土一般需 5～8 天,时间长短因育苗温度和所用品种不同而有所差异。

辣椒和甘蓝幼苗在子叶平展之前一般不浇水,若苗床特别干旱时可采取在幼苗基部撒细湿土的方式缓解,以有效防止幼苗徒长。辣椒幼苗 2 片真叶时进行分苗,一般选择晴天上午分苗,辣椒苗分到直径 10 厘米的营养钵中。甘蓝幼苗 2 叶 1 心时分苗,可采取营养钵分苗或苗床分苗,保证分苗后每株苗营养面积达到 10 厘米^2。分苗后要注意提高温度以利于缓苗,浇水要坚持苗床见干见湿的原则。若幼苗出现缺肥症状,可叶面喷施 0.2% 磷酸二氢钾溶液。在幼苗定植前 7 天,降低温度和控制浇水,进行秧苗锻炼。

4. 整地定植 定植前结合整地每 667 米^2 施充分腐熟的有机肥 5 000 千克、三元复合肥 50 千克、过磷酸钙 35 千克。施肥后深耕细耙,辣椒采用大小行栽植,大行距 80

厘米,小行距 45 厘米,株距 35 厘米,畦高 20 厘米。辣椒大行距内间作 1 行甘蓝,株距 30 厘米。采用先覆盖地膜后定植的方式,以降低地面蒸腾,避免温室内空气湿度过大而导致病害发生。

5. 栽培管理

(1)温湿度管理 甘蓝和辣椒定植后要闷棚升温,促进缓苗,白天温度保持 28℃~30℃、夜间 15℃~20℃。缓苗后适当降温,白天温度保持 25℃~28℃、夜间 12℃~15℃,空气相对湿度保持 70%~80%。辣椒植株进入开花坐果期,白天温度保持 20℃~25℃、夜间 15℃左右,空气相对湿度保持 50%~60%。

(2)肥水管理 定植后缓苗期一般不浇水。幼苗心叶开始生长,标志缓苗期已经结束,开始浇水。浇水要选择晴天上午进行,浇水后及时通风降低湿度,可有效避免病害发生。一般每隔 7 天浇 1 次水,在坐果前不施肥。辣椒植株进入开花期要控制浇水,防止落花落果。门椒坐果后要及时浇水施肥,然后隔一水施 1 次肥,每次每 667 米^2 施三元复合肥 15 千克。相对辣椒而言,甘蓝管理较为粗放,生产中应根据辣椒植株的生长状态进行相应的栽培管理。由于辣椒植株对肥料较为敏感,一定要严格控制施肥量,避免植株发生落花落果,影响产量。辣椒进入生长中后期,根系吸收能力下降,施肥应采取叶面喷施的方法,可喷施 0.2% 磷酸二氢钾溶液。

(3)植株调整 日光温室冬春茬辣椒植株高大,为保证植株茎叶在田间分布均匀和防止倒伏,可以通过植株调整方式调节生长。常用方法是在每定植畦上方沿行向拉 2 道细铁丝,尼龙绳一端固定在铁丝上,另一端固定在辣椒植株上,将主、侧枝均匀地摆好,以改善温室内的通风透光条件,利于植株发育和产量形成。第一分枝的腋芽应及早抹去。生长中后期,对植株进行适当修剪,如果植株密度过大,在四母斗椒上面发出的二杈枝中,可留一枝去一枝,以控制其生长。植株下部的病叶、老叶、黄叶要及时摘除。

(4)保花保果　辣椒进入开花结果期,由于温室内的环境条件不能保证花器官正常的授粉受精,生产中多采取保花保果措施,一般是在花期喷施外源激素保证植株正常坐果。可选用 25～50 毫克/千克防落素溶液,或 20～30 毫克/千克番茄丰产剂 2 号溶液喷花或涂抹花柄,此项操作在上午 8～11 时进行效果较好。

6. 采收　冬春茬辣椒、甘蓝间作栽培,甘蓝 1 月份采收上市,此期正赶上春节,是一年当中蔬菜价格最高、需求量最大的季节,甘蓝达到商品成熟后要及时上市,可根据市场价格分批采收上市。甘蓝采收后要及时清洁田园。

2 月份可以采收门椒上市,植株上有果实坐住的情况下门椒一定要早采收,避免门椒坠秧,影响营养生长和产量形成。门椒采收后加强管理,保证植株有足够的营养面积,以后果实达到商品成熟时及时采收。此栽培茬口辣椒若管理精细,可陆续采收至 6 月份。

第六节 甘蓝芽菜栽培新技术

甘蓝芽菜是利用甘蓝种子培育出来的一种蔬菜,不仅产品器官营养成分丰富,而且具有栽培技术简单、生产周期短的特点。在生产过程中不需要施用任何农药,是近年新兴的一种无公害芽苗蔬菜。

一、品种选择

目前甘蓝芽菜生产没有专用的品种,一般用于露地或设施栽培的品种均可。生产中要求选用籽粒饱满、发芽率高的新种子生产甘蓝芽菜。

二、栽培条件

甘蓝芽菜生产不受季节限制,可以进行周年生产。甘蓝芽菜利用一般的蔬菜设施均可进行生产,甚至利用家庭环境也可进行生产,不限制栽培容器,是一种非常适宜家庭休闲栽培的蔬菜。甘蓝芽菜规模化生产需要有播种室和绿化室,多采取立体栽培模式,需有栽培架(高 1.6~1.8 米、长 1.5 米、宽 0.6 米,一般 3~5 层,每层间距 40 厘米)。栽培容器一般选用塑料育苗盘,规格为长 60 厘米、宽 25 厘米、高 5 厘米。

三、栽培技术要点

1. 无土栽培

（1）无基质栽培 甘蓝种子在播种前先浸泡 1 小时，捞出沥干。在育苗盘底部铺 1～2 层湿润的纸，将种子均匀地播在纸上，平铺一层即可。播种后将育苗盘重叠放置在 18℃～25℃条件下进行催芽，每隔 4 小时用喷雾器补水 1 次。出苗后把育苗盘移到绿化室，白天温度保持 20℃～22℃、夜间 15℃左右。注意水分管理，保证栽培环境空气相对湿度达到 80%，约 7 天时间甘蓝幼苗子叶平展时就可采收上市。

（2）基质栽培 沙、珍珠岩、炉渣等均可作甘蓝芽菜栽培基质。育苗盘平铺一层 1.5～2 厘米厚的基质，浇水后撒播浸泡后的甘蓝种子，播种后覆盖 1 厘米厚的基质。然后将育苗盘重叠放置在 18℃～25℃条件下催芽，每隔 4 小时喷水 1 次。种子出苗后将育苗盘移到绿化室，摆放到栽培架上。注意温度和水分管理，约 7 天时间甘蓝芽菜即可达到成品标准出售。

2. 有土栽培技术

（1）整地 生产甘蓝芽菜不受地块大小限制，可以与其他蔬菜间作，或利用设施的边缘地块甚至作业道进行栽培。甘蓝芽菜忌连作，应选择通气性良好的未种过十字花科蔬菜的肥沃沙壤土。将地翻耕整平，做成平畦。

（2）播种 先进行苗床消毒。甘蓝芽菜栽培会发生一些病害,播种前可用50%多菌灵可湿性粉剂对苗床进行消毒,播种前浇足底水。甘蓝种子可以采取直播方式,也可浸种1小时后与细沙拌匀,均匀撒播于畦面,播种后覆盖细土,厚度不超过1厘米。播种量为每平方米0.3～0.6千克,播种量的大小与温度关系密切,温度高时播种密度宜小,温度较低时应适当加大播种量。

(3)生长期管理 适于甘蓝发芽及幼苗生长的温度为15℃～25℃,以25℃为最佳。甘蓝生长对于环境的适应能力较强,利用设施栽培时应采取适宜的环境调控措施,保证甘蓝有适宜的生长条件,以获得高产。若与其他作物间作,应考虑间作作物对环境条件的要求。甘蓝芽菜生长要求一定的湿度条件,一般保证畦面湿润即可,在高温季节,要及时补充水分,低温季节要适当控制浇水量。浇水后要根据实际情况进行通风降湿,避免设施内湿度过大发生病害。甘蓝芽菜主要利用种子自身营养进行生长,一般不需要追肥。若发现幼苗缺肥可在苗高3～5厘米时,叶面喷施1～2次0.2%磷酸二氢钾溶液。

(4)收获 甘蓝芽苗高8～12厘米为最佳收获期,生长周期为7～10天,若温度过低可能会推迟收获。生长期间要注意观察苗情,若发现部分幼苗的叶片上有麻点,或部分区域出现倒伏苗时应及时收获。

第四章　甘蓝病虫害防治技术

第一节　甘蓝常见病害及防治

一、苗期常见病害及防治

1. 猝 倒 病

（1）危害症状　猝倒病俗称倒苗、霉根、小脚瘟，主要由瓜果腐霉属鞭毛菌亚门真菌侵染所致，刺腐霉及疫霉属的一些种也能引起发病。本病主要危害黄瓜、番茄、甜辣椒、甘蓝类蔬菜及洋葱等。猝倒病为土传病害，种子萌芽后至幼苗未出土前受害，造成烂种、烂芽。幼苗染病初期可看见近表土处的茎基部出现水渍状病斑，病部缢缩呈线状，迅速扩展绕茎一周，幼苗倒伏枯死，湿度大时，病部密生白色绵状霉。发病初期，只有少数幼苗发病，并以此为中心逐渐向外扩展蔓延，导致幼苗成片倒伏死亡。

（2）发病规律　病原菌可在土壤中长期存活，以卵孢子或菌丝在土壤中及病残体上越冬。病菌主要靠雨水、喷淋等传播，带菌的有机肥和农具也能传病，由卵孢子和孢子囊从苗基部侵染发病。低温高湿、光照不足、土壤中含有机质多、施用未腐熟的粪肥等，或播种过密、秧苗徒长、受冻等有利于发病，尤其是早春苗床温度低、湿度大时发病严重。

（3）防治方法

①合理选择苗床 选择地势高燥、排灌方便、土壤肥沃、透气性好的无病地块作育苗床，播种前进行充分翻晒。生产中每平方米苗床用50％多菌灵可湿性粉剂10克，加细土5千克，混合均匀制成药土，播种时取1/3药土作垫层，播种后将其余2/3药土作为覆盖层。

②种子消毒 播种前可采取温汤浸种的方法进行种子消毒，也可用种子重量0.3％的65％代森锌可湿性粉剂拌种。种子催芽后播种，可缩短种子在土壤中的时间，降低病害的发生。

③加强管理培育壮苗 采用电热温床进行育苗，促进根系发育，提高幼苗抗逆性。幼苗出土后逐渐覆土，避免低温、高湿出现。重视中耕，以减轻苗床内湿度，提高土温。幼苗2～3片真叶时进行分苗，最好用营养钵分苗，分苗后适当控水，并分次覆土。发现病苗及时拔除并深埋，再以药土撒苗床消毒。苗床浇水后湿度大，可在苗床撒少量干土或草木灰降低湿度。

④药剂防治 可用75％百菌清可湿性粉剂1 000倍液，或70％代森锰锌可湿性粉剂500倍液，或50％福美双可湿性粉剂500倍液，或36％甲基硫菌灵悬浮剂500倍液喷施防治，每7天喷1次，连喷2～3次。注意喷洒幼苗嫩茎和发病中心附近病土，以上药剂交替使用效果更佳。

2. 立枯病

(1)危害症状　立枯病又称死苗,由半知菌亚门真菌侵染引起。寄主范围广,除茄科、瓜类蔬菜外,一些豆科、十字花科等蔬菜也能被害,已知有 160 多种植物可被侵染,是花椰菜、甘蓝的重要苗期病害。主要危害甘蓝幼苗茎基部或地下根部,幼苗根茎部变黑或缢缩,数天内即见叶片萎蔫、干枯,继而造成整株死亡。

(2)发病规律　以菌丝体和菌核在土中越冬,可在土中腐生 2~3 年,通过雨水、喷淋、带菌有机肥及农具等传播,病菌发育适宜温度为 20℃~24℃。刚出土的幼苗及大苗均能受害,一般多在育苗中后期发生。苗床温度高、播种过密、浇水过多、施用未腐熟肥料、间苗不及时、幼苗徒长等均易诱发本病。

(3)防治方法

①农业防治　实行合理轮作,避免连作。低温季节选择地势较高、排水良好的地块作苗床。有机肥要充分腐熟,播种不能过密,苗床温湿度要调控适宜。

②苗床消毒　每平方米用 40%甲醛 40 毫升对水 100~300 毫升浇土,用薄膜覆盖 4~6 天,揭膜后 14 天播种。也可用 50%多菌灵可湿性粉剂按每平方米用药 8~10 克与干细土 10~15 千克拌匀制成药土,一半用作床土,一半用作种子覆土。或用 98%噁霉灵可湿性粉剂 2 500 倍液喷洒苗床消毒。

③药剂防治　可用 75%百菌清可湿性粉剂 600 倍

液,或 50％多菌灵可湿性粉剂 600～800 倍液,或 36％甲基硫菌灵悬浮剂 500 倍液,或 15％噁霉灵水剂 450 倍液,每隔 7 天喷洒 1 次,连续喷 2～3 次。

二、露地栽培常见病害及防治

1. 病毒病

(1)危害症状　十字花科病毒病主要由芜菁花叶病毒的侵染引起,次要病原有黄瓜花叶病毒和烟草花叶病毒。病毒病在甘蓝生长期的各个阶段均可发生,不同时期受侵染症状的表现不同。受害幼苗叶片上初期出现褐绿色病斑,轻微花叶,后期叶片皱缩,影响幼苗正常生长。成株受害,轻者老叶背面有黑色的坏死斑,严重者叶面皱缩,叶脉坏死,植株矮化,结球或形成花球迟缓,植株停止生长或死亡。种株发病,常在开花前萎缩死亡,或花梗弯曲畸形,结实少而瘦小。

(2)发病规律　病毒在寄主体内越冬,翌年春天由蚜虫传播到十字花科蔬菜上。一般在高温干旱条件下发病重,尤其是土壤温度高时更易发病。此外,高温还会缩短病毒潜育期。在蚜虫发生高峰期,植株处于苗期,再加上栽培管理粗放、通风不良、土壤干旱、缺肥时发病较重。

(3)防治方法

①农业防治　调整蔬菜布局,合理间套作和轮作,发现病株及时拔除。适期早播,避开高温及蚜虫大发生期。生产中尽一切可能把传毒蚜虫消灭在毒源植物上。避免

与十字花科作物连作。选用抗病品种,培育壮苗。加强田间管理,适时浇水、追肥,田间发现病株及时拔除,农事操作时注意减少对植株的伤害。

②种子消毒　种子经78℃干热处理48小时可去除携带的病毒,也可播种前用10‰磷酸三钠溶液浸种20分钟,然后用清水洗净后再播种。

③药剂防治　在发病初期田间喷施5‰菌毒清水剂500倍液,或0.5‰菇类蛋白多糖水剂300倍液,或10‰混合脂肪酸水剂100倍液,每隔7~10天喷1次,连续3~4次。采收前7天停止用药。

2. 软腐病

(1)危害症状　软腐病由欧文氏杆菌属的细菌侵染所致。该病主要危害叶部、叶球及球茎。叶片受害在叶基部出现水渍状斑,数天后病部开始腐烂,叶柄或根茎基部的组织呈灰褐色软腐,严重的全株腐烂,病部散发出恶臭味。

(2)发病规律　软腐病菌主要在病株和病残体组织中越冬。田间发病的植株、带病的采种株、土壤中及堆肥里的病残体上都存有大量病菌。病原菌借风雨、灌溉水及昆虫传播,从伤口侵入致病。栽培季节高温多雨,栽培地块地势低洼、排水不良,或偏施、过施氮肥,有利于该病的发生和流行。

(3)防治方法

①农业防治　选用抗病品种。合理安排栽培茬次,

与非十字花科作物实行 3 年以上的轮作。提早耕翻整地,提高肥力、地温,减少病菌来源和田间害虫。采用垄作或高畦栽培,有利于排水防涝。适当晚播,避开高温高湿季节育苗。播前施足有机肥,增施磷、钾肥,及时定苗,淘汰病株,合理密植,改善田间通风透光条件。早期发现病株应及时连根拔除,并将其深埋,病穴用石灰消毒。从幼苗期起开始防治菜青虫、小菜蛾、地蛆和甘蓝夜蛾等害虫。

②药剂防治　发病初期浇根,可用72%硫酸链霉素可溶性粉剂 4 000～5 000 倍液,或 50%福美双可湿性粉剂 500 倍液喷施防治,每隔 7～10 天喷 1 次,连喷 3～4 次。

3.黑腐病

(1)危害症状　黑腐病病原菌为黄单胞杆菌属的细菌。主要危害叶片,也危害叶球和球茎,是甘蓝类蔬菜的主要病害之一。各生育期均可发生,幼苗出土前可引起烂种。苗期子叶受害呈水渍状,致使植株迅速枯死或蔓延到真叶。成株期发病多危害叶片,病菌由水孔侵入引起叶缘发病,受害初期可引起叶斑和黑脉,然后从叶缘开始向内形成"V"形黑褐色病斑,病斑边缘具黄色晕环,病害严重可引致全叶枯死或外叶局部或全部腐烂。根茎部受害可导致维管束变黑,病菌通过茎部维管束进一步蔓延到短缩茎、叶球,使外部叶片变黄直至萎蔫枯死,病株虽腐烂,但没有臭味。病菌从果柄维管束进入角果,或从种脐侵入种子内部，造成种子带菌。

（2）发病规律　病原菌可在种子、病残体或留种株上越冬，可随种子、带菌堆肥、病苗、灌溉水、风雨及农事操作等传播。病原菌生长适温为 25℃～30℃，51℃经 10 分钟致死，生产中可通过温汤浸种的方法杀死种子表面的病原菌。高温高湿，多雨露重的天气利于病菌侵入和病害流行。与十字花科蔬菜连作、施用未腐熟的有机肥、偏施氮肥、植株徒长或早衰及虫害重时病害发生较重。

（3）防治方法

①农业防治　选用抗病品种，适时播种。与非十字花科蔬菜实行 2～3 年以上的轮作。实行配方施肥，忌偏施、过施氮肥，增施磷、钾肥。加强田间管理，合理密植，采取高畦栽培，发现病株及时拔除，并用 20％石灰水消毒病穴。注意及时清除田间病残体，减少菌源。早期注意防治地下害虫，减少虫伤。

②种子处理　采取温汤浸种方法处理种子，或用种子重量 0.5％的 50％福美双可湿性粉剂拌种。

③药剂防治　为降低病害发生应在植株整个生育期防治菜青虫、小菜蛾等害虫，以减少病菌入侵伤口危害。发病初期及时喷洒 45％代森铵水剂 900 倍液，或 72％硫酸链霉素可溶性粉剂 5 000 倍液，或 50％异菌脲可湿性粉剂 1 000 倍液，或 50％多菌灵可湿性粉剂 500 倍液喷雾防治，每隔 7～10 天喷 1 次，连续防治 3～4 次，重点喷洒病株基部及近地表处。

第四章 甘蓝病虫害防治技术

三、设施栽培常见病害及防治

霜霉病

（1）危害症状 十字花科霜霉病病原为寄生霜霉菌，属鞭毛菌亚门霜霉菌属。主要危害叶片，病初叶片正面出现不规则淡绿色褪黄斑点，天气潮湿时，叶片背面出现白色霉状物。随着病情的发展，病斑扩大因受叶脉限制而呈多角形的黄色至黄褐色枯斑，数个病斑常互相融合为枯黄色斑块，终致叶片干枯。甘蓝的茎、花梗、花器和种荚受霜霉病菌侵染后表现为肥胖、弯曲畸形。天气潮湿时，病部表面有白色霉状物。侵染根部表现为灰黄色至灰褐色的斑痕。

（2）发病规律 北方地区春季发病较秋季重，南方地区冬、春两季普遍发生。北方地区病菌以卵孢子在土壤里或田间病残体内越冬，或以菌丝在病组织内越冬，卵孢子和由休眠菌丝产生的孢子囊借流水、风雨或农具传播到寄主上，温度为 15℃～24℃时的高湿度条件下有利于发病，温度在 25℃以上时，病害趋于停止。播种过早、过密，连作，土壤缺肥或偏施氮肥利于病害发生。

（3）防治方法

①农业防治 与非十字花科蔬菜隔年轮作，有条件的可实行水旱轮作。选用抗病品种，播种前可采取药剂消毒杀灭病菌。低湿地块宜选取高畦栽培，合理密植，实行配方施肥，加强肥水管理，增强植株抗病力。收获

后彻底清除病株残叶,并翻耕土地,减少田间的病菌来源。

②药剂防治 种子用 25％甲霜灵可湿性粉剂拌种,用量为种子重量的 0.3％。发病初期喷洒 75％百菌清可湿性粉剂 500～800 倍液,或 1∶2∶300 波尔多液,或 72.2％霜霉威盐酸盐水剂 700 倍液,间隔 7～10 天喷 1 次,共喷 2～3 次。

第二节 甘蓝常见虫害及防治

一、露地栽培常见虫害及防治

1. 菜青虫

(1)危害特点 菜青虫属鳞翅目,粉蝶科,分布于全国各地,是十字花科蔬菜最常见的害虫,尤以芥蓝、甘蓝、花椰菜等受害比较严重。幼虫二龄前仅啃食叶肉,留下一层透明表皮。二龄后蚕食叶片呈孔洞或缺刻,严重时只残留粗叶脉和叶柄。三龄后转至叶面蚕食,四至五龄幼虫的取食量占整个幼虫期取食量的 97％。菜青虫取食时,边取食边排出粪便污染菜叶和菜心,使品质变劣,并导致软腐病发生。

(2)形态与习性 成虫体长 1.2～2 厘米,体灰黑色,鳞粉细密,前翅基部灰黑色,顶角黑色呈三角形,后翅前缘有一不规则的黑斑,后翅底面淡粉黄色。卵单产,形状似直立的瓶形,长约 0.1 厘米。卵初产时淡黄色,后变为橙黄色。幼虫初孵时灰黄色,后变为青绿色,体圆筒形。蛹呈纺锤形,两端尖细,有灰黄色,灰绿色,灰褐色,青绿色。菜青虫1年发生多代,春、秋两季为高峰期。在菜地附近的树干、杂草残株等处以蛹越冬,翌年4月初开始陆续羽化。成虫是菜粉蝶,主要吸食花蜜,产卵时对芥子油有趋性,故卵多产在十字花科蔬菜上,尤以甘蓝和花椰菜上最为严重。卵期4~8天,孵化幼虫危害蔬菜,幼虫在菜叶上化蛹。

(3)防治方法

①农业防治 收获后及时清除田间残株败叶,深翻晾垡,冻死土壤中越冬的虫蛹。人工捕捉幼虫、蛹及成虫。

②物理防治 设施栽培覆盖防虫网可有效防治菜青虫。

③生物防治 注意保护天敌。菜青虫的天敌种类很多,寄生蛹的有金小蜂、广大腿蜂,寄生幼虫的有黄绒茧蜂,寄生卵的有广赤眼蜂;捕食性的有猎蝽、胡蜂。还有寄生性细菌、真菌、病毒。也可用0.2%菜青虫体液防治菜青虫,具体方法是:每667米^{2}用0.1千克菜青虫,捣烂,对水250毫升、洗衣粉0.05千克拌匀,再加水50升喷雾,防治效果可达90%以上。

④药剂防治 在菜青虫田间卵生期和幼虫孵化期进行药剂防治效果最好。可用1.8%阿维菌素乳油2 500~3 000倍液,或50%杀螟丹可溶性粉剂1 000倍液,或

2.5%溴氰菊酯乳油 3 000 倍液喷施,每隔 7～10 天喷 1
次,连续喷施 2～3 次。药剂交替使用,可有效防治害虫
产生抗药性。

⑤植物防治 新鲜黄瓜蔓 1 千克,加少许水捣烂,滤
去残渣后加 3 倍的水喷洒,或用新鲜红辣椒 0.5 千克,捣
烂加水 5 升,加热煮 1 小时,取其滤液喷洒,浓度越高防治
效果越好。

2. 小菜蛾

(1)危害特点 小菜蛾又名小青虫、吊尸虫、两头尖
等,属鳞翅目菜蛾科,是世界性迁飞害虫。主要危害十字
花科蔬菜,是甘蓝、花椰菜和绿菜花的主要害虫。初龄幼
虫取食叶肉,幼虫在叶片上、下表皮之间潜食叶肉,形成
细小隧道。二龄幼虫除吃叶肉外,叶片下表皮也常被吃
掉,只剩上表皮,俗称"开天窗"。三至四龄幼虫可将菜叶
食成孔洞和缺刻,严重时全叶被吃成网状。小菜蛾幼虫
喜食嫩叶,所以甘蓝中心部位叶片受害最重。还危害留
种株嫩茎、幼荚和籽粒,影响结实。

(2)形态与习性 成虫为小型蛾,体长 0.6～0.7 厘
米,淡褐色,前翅中央有黄白色三度曲折的波纹。卵椭圆
形,长约 0.05 厘米,淡黄绿色,表面光滑、闪光。幼虫老
熟时体长 1～1.2 厘米,淡绿色,虫体中部粗大,两端细小
如梭状。蛹长 0.6 厘米,绿色至褐色,蛹外包被着网状薄
茧。小菜蛾每年发生 5～20 代,春、秋两季危害严重,以
蛹形态越冬。成虫昼伏夜出,具有趋光性。每头雌虫产

第四章　甘蓝病虫害防治技术

卵 200 粒左右,一般散产,少数产成卵块。幼虫活跃,遇到有惊扰便扭动或倒退身体吐丝下垂,故称"吊死鬼"。幼虫共 4 龄,老熟幼虫在叶背面或枯草上做薄茧化蛹。

(3)防治方法

①农业防治　加强栽培管理,破坏小菜蛾成虫蜜源。选择抗虫品种,重施有机肥,增施磷、钾肥,提高蔬菜抗逆性。蔬菜收获后清洁田园,蔬菜生长期要及时清除枯枝落叶和杂草,破坏小菜蛾成虫食物来源,可消灭大量虫源。提早或推迟种植,避开虫害发生高峰期,可减少虫害。实行轮作间作,破坏小菜蛾食物链。与瓜类、茄果类、葱蒜类蔬菜轮作。

②药剂防治　目前,小菜蛾对生产中常用的药剂都有不同程度的抗性,实行轮换用药。按照防治指标和防治适期,重点保护幼苗、心叶,喷洒药剂时重点注意小菜蛾幼虫聚集的叶背面。药剂可用 100 亿活芽孢/克苏云金杆菌 500～1 000 倍液,或 1.8%阿维菌素乳油 2 000 倍液,或 5%氟啶脲乳油1 000～2 000 倍液,或 50%杀螟丹可溶性粉剂 1 500 倍液喷施。也可用 99%杀螟丹原药 1份与 100 亿活芽孢/克苏云金杆菌 9 份混合,对水稀释成250 倍液喷施防治小菜蛾幼虫。

③物理防治　每 667 米^2 设置 8～10 个小菜蛾性诱芯诱盆,每个生长季放 1～2 次诱芯,可诱杀大量小菜蛾成虫,降低小菜蛾危害。设施栽培可以覆盖防虫网,防止小菜蛾侵入。利用成虫的趋光性,用黑光灯诱杀成虫,一

般每 10 000 米^2 设灯 1~2 盏。

3. 甘蓝夜蛾

(1)危害特点　甘蓝夜蛾又名地蚕、夜盗虫、菜夜蛾等,属鳞翅目夜蛾科。此虫广泛分布于亚、非、欧、美各洲,我国各地均有发生,北方地区发生较严重。甘蓝夜蛾是多食性害虫,寄主广泛,以幼虫取食植株叶片,除危害十字花科蔬菜外,还危害茄果类、瓜类蔬菜及粮食作物。幼虫刚孵化时,取食叶肉,残留表皮呈纱网状。二至三龄后将叶片吃成孔洞或缺刻,四龄后分散危害昼夜取食,五龄时昼夜均可取食,六龄时仅夜间危害。大龄幼虫钻入叶球或花球危害,并排泄大量粪便,引起污染和腐烂。

(2)形态与习性　成虫为黑色中型蛾,体长 0.15~0.25 厘米,体灰褐色或黑褐色。卵半球形,顶部圆滑,底部较平,卵壳表面有放射状态纵横纹。卵初产时黄白色,孵化前呈紫黑色。老熟幼虫体长 4 厘米左右,一至三龄幼虫体绿色,头淡黄褐色;四至六龄幼虫体灰褐色或灰黑色,腹足和尾足灰黄色,胸足褐色;五至六龄幼虫体背面有倒"八"字纹,背线及亚背线灰黄色。甘蓝夜蛾每年发生 2~4 代,春、秋两季发生量多。甘蓝夜蛾各地均以蛹在土壤中越冬,蛹多数分布于寄主作物田中或田边杂草、土埂下,入土深度以 7~10 厘米处最多。蛹期一般为 10 天左右,越夏蛹期一般为 2 个月,越冬蛹期可达 6 个月以上。成虫羽化后隔 1~2 天即可交尾产卵,总产卵量为 500~1 000 粒,最多可达 3 000 粒。成虫昼伏夜出,以每晚 9～11 时活动最盛,成虫对黑光灯及糖液的趋性强。初孵幼虫集中在叶背取食,三龄以后则迁移分散。四龄以后,白天多隐伏在心叶、叶背或寄主根部附近表土中,夜间出来取食。幼虫六龄老熟后入土吐丝,筑成带土的粗茧,在茧内化蛹。

（3）防治方法

①农业防治　及时清除田间杂草,采取秋翻冬耕等措施消灭越冬蛹。结合田间管理,摘除卵块及初孵幼虫食害的叶片,可消灭大量的卵和初孵幼虫。

②物理防治　利用成虫的趋光性和趋化性,在羽化期设置黑光灯或糖醋诱液盆诱杀。糖醋诱液为糖、醋、酒、水比例为 10∶1∶1∶8 或 6∶3∶1∶10,再加少量敌百虫。

③药剂防治　掌握在三龄前幼虫较集中、抗药性弱的有利时机进行化学药剂防治。药剂可用 90% 敌百虫晶体 1 000～1 500 倍液,或 5% 氟虫脲乳油 4 000 倍液,或 20% 虫酰肼悬浮剂 1 000～2 000 倍液喷雾,效果均好。交替使用农药,以防产生抗药性。

④生物防治　天敌卵寄生蜂有广赤眼蜂、拟澳赤眼蜂等。幼虫期寄生蜂有甘蓝夜蛾拟瘦姬蜂、黏虫白星姬蜂、银纹夜蛾多胚跳小蜂等。蛹期有广大腿小蜂等。捕食性天敌步甲、虎甲、蚂蚁、马蜂、蜘蛛等在幼虫期也有较大作用。生物药剂防治,一般在幼虫三龄前施用细菌杀虫剂,如 100 亿活芽孢/克苏云金杆菌 800～1 000 倍液喷雾。

还可在卵期人工释放赤眼蜂,每667米² 设6~8个点,每次每点放2 000~3 000头,每隔5天1次,连续2~3次。

二、设施栽培常见虫害及防治

1. 蚜　虫

(1)危害特点　蚜虫种类多、繁殖快,是蔬菜栽培中发生量最大、危害期最长的害虫。蚜虫以刺吸式口器吸食汁液,可造成叶片蜷缩变形,植株生长停滞。分泌的蜜露使叶片发生杂菌,影响植株光合作用,导致植株矮小,甚至不能进行正常的生殖生长。还能传播多种病毒,是多种病毒病的传播媒介。蚜虫主要有桃蚜、萝卜蚜、甘蓝蚜,其中桃蚜发生范围最广,除取食十字花科蔬菜外,还危害菠菜、辣椒、茄子等。萝卜蚜多危害表面蜡质少而毛多的品种,如萝卜、白菜等。甘蓝蚜偏食表皮光滑而蜡质厚的甘蓝、西蓝花等。

(2)形态与习性　蚜虫分有翅蚜和无翅蚜2种类型。有翅桃蚜的头和胸部为黑色,腹部为绿色、黄绿色、褐色以至赤褐色;无翅桃蚜体淡绿色、橘红色或褐色。有翅萝卜蚜的头和胸部为黑色,腹部为淡绿色;无翅萝卜蚜体黄绿色或暗绿色,背面有白色蜡质。有翅甘蓝蚜头部和胸部为黑色,腹部黄绿色,被有蜡粉;无翅甘蓝蚜全身暗绿色,有白色蜡粉。

蚜虫是异态交替的繁殖类型。在生长季节进行10~20代的孤雌胎生,冬季来临时产生雄蚜,进行两性生殖,产生受精卵越冬。生长季中在寄主之间迁移时产生有翅蚜。桃蚜在南方地区1年发生多达30～40代，以孤雌胎生雌蚜在蔬菜上危害，没有明显的越冬滞育现象。在北方地区桃蚜冬天以卵在桃、李、杏等果树上或以无翅蚜形态在温室内越冬，翌年春天卵孵化后在原寄主上繁殖1～2代后，形成有翅蚜迁飞到春种十字花科蔬菜幼苗或采种株上危害。10月份又以有翅蚜形态迁回果树产卵越冬。萝卜蚜是一种基本上孤雌生殖的蚜虫，很少有越冬卵，在5～6月份发生较重，秋季危害大白菜和萝卜，10月中下旬繁殖最盛，晚秋田间也出现少量的有性蚜和卵。甘蓝蚜终年生活在一种或几种近缘寄主上以卵越冬，若在温室内可以不产卵连续繁殖。越冬卵4月份孵化，5月中旬产生有翅蚜迁飞到新寄主上危害，10月初产生雄蚜，进行有性繁殖，产生受精卵越冬。在温暖地区可以连续孤雌胎生繁殖而不产越冬卵。在温带以北地区1年发生8～9代，在较温暖地区可发生10多代。

（3）防治方法

①农业防治　合理规划田园，一般应将蔬菜生产田远离果园，以减少蚜虫的迁入。合理安排蔬菜栽培茬口，尽量避免连作，有些植物挥发出的气味对蚜虫有驱避作用，例如韭菜，与韭菜搭配种植，可有效降低蚜虫的虫口密度。生产上宜选用抗虫品种，及时清洁田园，消灭虫源。露地栽培可以利用设施育苗或适当提早播种，使蚜虫大发生期在植株长大以后，可大大减轻蚜虫的危害。

②物理防治

第一,银灰膜避蚜。银灰色对蚜虫有较好的驱避作用,露地栽培田间挂银灰色塑料带,设施栽培可在棚室的通风口悬挂银灰色塑料条避蚜。一般薄膜条宽10～15厘米,每667米²需银灰色薄膜1.5千克。也可用银灰色地膜进行田间覆盖,每667米²需银灰色薄膜5千克左右。通过使用银灰色膜可明显减少有翅蚜数量。

第二,黄板诱蚜。利用有翅蚜对黄色的趋性,可在黄板上涂抹10号机油或凡士林等,诱杀有翅蚜虫。悬挂方向以板面东西向为宜,胶板垂直底边距离甘蓝植株15～20厘米,待黄色板诱满蚜虫时及时更换,可大大减少有翅蚜危害。一般预防期每667米²悬挂20厘米×30厘米黏虫板20～35片;害虫发生期每667米²悬挂20厘米×30厘米黏虫板45片以上;用于监测时,每667米²标准棚悬挂5片。现在市场上销售的黄板规格有20厘米×30厘米、25厘米×30厘米、30厘米×40厘米、24厘米×18厘米等,可以根据实际需要选择黄板种类。黄板还可诱杀烟粉虱、白粉虱、黄曲条跳甲、潜叶蝇、蓟马、斑潜蝇及多种双翅目害虫。

第三,使用防虫网。在有翅蚜大发生期育苗时,播种后在育苗畦上覆盖40～45目的银灰色或白色纱网,可减轻蚜虫危害。日光温室或大棚通风口使用防虫网,可防止有翅蚜迁飞危害。

③药剂防治

第一,化学药剂防治。常用药剂有 50％抗蚜威可湿性粉剂 5 000 倍液,或 10％吡虫啉可湿性粉剂 1 000～2 000 倍液,或 1.8％阿维菌素乳油 3 000 倍液,或 3％啶虫脒乳油 3 000 倍液喷雾,每隔 7～10 天喷 1 次,连续防治2～3 次,采收前 7 天停止用药。

第二,植物药剂防治。植物药剂杀虫剂具有杀虫、抗虫、驱虫等多种功效,并且无残留,对蔬菜既无药害,对人体又无伤害。可用干烟叶 1 千克加水 30 升,浸泡 24 小时后过滤喷施;橘皮 1 千克与辣椒 0.5 千克捣碎,加 10 升清水煮沸,浸泡 24 小时后过滤喷施;柳叶 1 千克捣烂,加水3 倍,泡 1～2 天,过滤后喷施;大蒜 1 千克捣烂,加等量水,过滤后的原液加水 50 倍喷雾;洋葱鳞茎片 0.2 千克,浸于 10 升温水中,4～5 天后过滤喷施。

④生物防治　保护和利用天敌。蚜虫常见天敌有六斑月瓢虫、七星瓢虫、十三星瓢虫、大绿食蚜蝇、食蚜瘿蚊、普通草蛉、小花蝽等;寄生性天敌有蚜茧蜂;微生物天敌有蚜霉菌等。还可人工饲养繁殖草蛉、瓢虫等蚜虫天敌释放田间。在使用化学农药时,应与保护天敌相互协调,在主要天敌繁殖季节,选择低毒农药喷洒并尽量减少用药次数,发挥自然天敌控制蚜虫的作用。

2. 蛞 蝓

(1)危害特点　蛞蝓为腹足纲蛞蝓科,别名鼻涕虫。蛞蝓是一种食性复杂和食量较大的害虫,以幼虫和成虫危害,主要危害幼苗、嫩叶和嫩茎。可将叶片吃成孔洞或缺刻,咬断嫩茎和生长点,使整株枯死。危害叶(花)球时,排泄粪便、分泌黏液污染蔬菜,引起腐烂,降低品质,影响商品价值。随着蔬菜设施栽培的发展,蛞蝓已成为设施栽培的主要害虫。

(2)形态与习性　成虫体长 20～25 毫米,爬行时体长可达 30～60 毫米。体长梭形、柔软、光滑而无外壳,体表暗黑色、暗灰色或灰红色等。体背前端具外套膜,为体长的 1/3,边缘卷起,其内有退化的贝壳(即盾板)。卵椭圆形,直径 2～2.5 毫米。幼虫体长 2～2.5 毫米,淡褐色,体型同成体。蛞蝓在适宜条件下 1 年发生 2～6 代,一般 5～7 月份产卵,以成虫或幼虫在作物根部湿土下冬眠越冬。春季危害,夏季活动减弱,秋季复出危害。雌雄同体,异体受精,亦可同体受精繁殖。卵多产于湿度大、隐蔽的土缝中。主要是夜间活动,晚上 10～11 时达高峰,清晨之前又陆续潜入土中或隐蔽处。蛞蝓怕光照,日出后隐蔽,夜间取食。喜阴暗潮湿环境,高温、干旱或田间积水时,则生长受抑制或死亡,阴暗潮湿的环境易于大发生。

(3)防治方法

①农业防治　秋冬季节深翻地可冻死一部分越冬害虫。清洁田园,及时中耕,若栽培田间有积水应立刻排出。采取地膜覆盖可抑制蛞蝓活动,减少危害。

②物理防治　在发病重的田间堆积树叶、杂草、菜叶

等蛞蝓喜食的食物进行诱集,白天人工捕杀。

　　③药剂防治　一般用于防治蛞蝓的化学药剂毒性较大,不适合在甘蓝栽培中应用。生产中多采取在温室前底角或植株行间撒生石灰,蛞蝓粘到生石灰后会死亡。在清晨用1‰食盐水喷雾也具有一定的防治效果。

第三节　甘蓝常见生理障害及防治

一、甘蓝结球松散或不结球

　　露地栽培秋甘蓝,会出现结球松散甚至不结球现象,严重影响产量和经济效益。

　　1. 发生原因　①栽培品种混杂导致包球不实。甘蓝品种与其变种间极易发生杂交,在育种时未采取有效的隔离措施,容易产生杂交种,杂交种长成的植株一般不结球。②定植时期不适宜。甘蓝在温光条件不适宜时,容易发生不结球或结球松散的现象,如结球期温度在25℃以上,或遇长时间阴雨天光照不足,甘蓝叶片光合同化物质积累少。露地秋甘蓝播种定植过早,会导致结球期环境条件不适宜,影响叶球形成。③栽培管理粗放,肥水条件差,或土壤水分过多,土壤通气不良,均可能出现不结球或结球松散现象。苗期幼苗徒长或控苗过度形成老化苗,也会导致结球不实现象产生。④害虫咬断植株生长点导致植株不能结球。叶片受害虫危害导致莲座叶面积过小,病毒病、黑腐病等病害引起叶片萎缩,使叶片光合作用减弱,导致叶球松散或不结球。

2. 防止措施 ①选用纯正的种子。甘蓝制种时必须隔离,防止天然杂交,易相互杂交的变种、品种间需进行严格隔离。②同地理位置和不同海拔高度,播种和定植期也不相同,可根据栽培地区的特点确定适宜的播种和定植期。③施足基肥,多次追肥,特别在莲座叶生长期及结球期,要有充足的肥水供给。同时,注意氮、磷、钾肥的配合施用,注意钙、硼等微量元素的施用。栽培时选择含钙多的土壤、基肥多用有机肥、增施钾肥等也是防止结球松散的有效措施。④从播种到采收均要加强病虫防治。

二、甘蓝裂球

甘蓝结球后,叶球组织脆嫩,细胞柔韧性小,如果栽培环境不适宜,尤其是土壤水分不均衡,就容易出现叶球开裂现象。最常见的是叶球顶部开裂,有时侧面也开裂,轻者仅叶球外面几层叶片开裂,重者开裂可深至短缩茎。甘蓝裂球不但影响甘蓝外观质量,降低叶球的商品品质,而且因容易感染病菌而导致腐烂。

1. 发生原因 ①在叶球形成过程中,遇到高温及水分过多的环境,致使叶球的外侧叶片已充分成熟,而内部叶片继续生长,外部叶片承受不住内部叶片生长的压力而导致叶球开裂。②栽培季节和品种熟性不同引起。一般甘蓝早熟品种在春季栽培,早中熟品种在秋冬栽培,定植过早而不及时采收,均可导致裂球。晚熟品种相对而言不太容易出现裂球现象。③品种特性和不同球形引起。甘蓝的不同品种抗裂球的能力不同,不同球形出现裂球现象的概率也不相同,一般尖头类型品种不易裂球,平头类型品种易裂球。

2. 防止措施 ①选择不易裂球的品种。甘蓝叶球开裂主要是品种遗传性决定的,不同品种抗裂球能力也不同,在容易出现裂球的栽培茬口一定要选择抗裂球的尖头类型品种。②适时定植,及时采收。当甘蓝叶球抱合达到紧实时,要及时采收。尤其是叶球成熟期在雨季时,一定要在叶球抱合达到七八成时就开始采收,陆续上市,防止暴雨过后导致大面积叶球开裂。其他季节栽培甘蓝要注意合理安排定植时期。在甘蓝成熟期,如果田间有裂球现象发生,即使叶球未达到完全成熟,也要立刻采收。③结球过程中肥水供应要均匀。甘蓝需肥水量较大,加强肥水管理,保持土壤湿润,收获前不要肥水过大,尤其要注意水分的均衡供应,避免由于水分过大出现裂球。选择地势平坦、排灌方便、土质肥沃的土壤种植甘蓝。

三、甘蓝未熟抽薹

甘蓝属于绿体春化型蔬菜,当植株达到一定大小时,遇到适宜的温度条件通过春化阶段,在适宜日长条件下就抽薹开花。早熟春甘蓝未熟抽薹指在春季栽培结球甘蓝时,植株遇到一定的低温条件,或在幼苗期通过了春化阶段,一旦遇到长日照条件,植株出现抽薹开花现象。

1. 发生原因 ①播种期和定植期不适宜。结球甘蓝品种不同,冬性强弱也不同,结球春甘蓝品种在不同地区播种时期不同。如果播种过早,定植时幼苗营养体达到春化的标准,植株就容易感受低温,通过春化阶段,导致未熟抽薹。即使播期适宜,但幼苗定植过早,在正常气候年份能正常形成叶球,若遇到春季长期低温也会引起未熟抽薹现象发生。②品种不适宜。选择不适宜品种进行春早熟栽培,导致甘蓝未熟抽薹现象发生。例如,用夏甘蓝品种进行春季栽培,品种冬性弱,幼苗在较高温度条件下即可通过春化阶段而抽薹开花,导致减产甚至绝收。③结球甘蓝在不同土壤上的生长是有差异的。在同一定植期,沙性土壤栽培甘蓝生长速度快,发生未熟抽薹率相对较高;黏性土壤栽培甘蓝生长较慢,发生未熟抽薹率相对较低;肥沃土壤中栽培甘蓝,植株茎叶生长旺盛,即使花芽已形成,也可抑制其生殖生长。因此,在栽培春甘蓝时,应根据不同土壤质地,选择适宜的定植时期,尽量保证植株生长期尤其是结球期的营养供应,使植株能够正常形成产品器官,避免出现未熟抽薹现象,影响产量和效益。

2. 防止措施 ①确定甘蓝适宜播种期和定植期,甘蓝春季栽培若遇到倒春寒,要采取相应栽培措施,可在植株上覆盖地膜,保证植株能正常形成产品器官。②加强栽培管理,培育壮苗。定植缓苗后,要加强肥水管理,促进营养生长,防止过于干旱和缺肥而导致的未熟抽薹。

春结球甘蓝栽培如已经发生未熟抽薹,可切除顶芽,促使腋芽发育结小球,以减少损失。

四、甘蓝结小球

有一些甘蓝植株在生长前期,植株营养体很小时就开始结球,叶球大小远远达不到品种特征的要求,导致产量低,严重影响经济效益。

1. 发生原因　①播种期不合理,秋季栽培播种过晚,生长后期气温过低,由于植株生长期太短,形成的营养体过小,制造的光合产物过少,导致形成的叶球过小。②定植密度太小,营养面积不足,植株徒长。③栽培地块肥水不足,基肥太少或生长期未及时追肥,导致植株营养不足,叶片面积过小。

2. 防止措施　①选择优良品种,适期播种。②培育适龄壮苗。加强苗期管理,定植前淘汰小苗、弱苗和病苗。最好采用营养土块或营养钵育苗。③选择疏松、肥沃的壤土进行栽培。定植前施足基肥,定植后要松土并适期追肥。莲座期加强栽培管理,形成强大的营养体,为叶球高产奠定基础。植株开始现球后及时追肥,促进叶片和花球生长。④根据品种特性确定适宜的株行距,一般用于秋播的品种株行距要大于春播品种。

参 考 文 献

［1］ 何永梅．大棚蔬菜栽培技术问答［M］．北京：化学工业出版社，2010．

［2］ 王迪轩．大白菜、甘蓝优质高产问答［M］．北京：化学工业出版社，2011．

［3］ 王迪轩．花椰菜、青花菜优质高产问答［M］．北京：化学工业出版社，2011．

［4］ 郭书普．新版蔬菜病虫害防治彩色图鉴［M］．北京：中国农业大学出版社，2010．

［5］ 任华中，刘丽英，邓莲．甘蓝类蔬菜栽培技术问答［M］．北京：中国农业大学出版社，2008．

［6］ 刘艳波，等．怎样提高甘蓝花椰菜种植效益［M］．北京：金盾出版社，2006．

［7］ 马国瑞．高效使用化肥百问百答［M］．北京：中国农业出版社，2006．

［8］ 安心哲，吴海东，王鑫．甘蓝、花椰菜无公害标准化栽培技术［M］．北京：化学工业出版社，2009．

［9］ 王爽．棚室甘蓝、花椰菜、绿菜花生产关键技术100问［M］．北京：化学工业出版社，2013．